Maschinelles Lernen für absolute Anfänger
Zweite Ausgabe

Oliver Theobald

Bitte kontaktieren Sie den Autor über oliver.theobald@scatterplotpress.com bezüglich eines Feedbacks oder eines Kontaktes, wegen Medien, Auslassungen oder Fehler dieses Buch betreffend. Denken Sie daran, dass dieses Buch erstmalig 2017 auf Englisch erschienen ist und 2018 ins Deutsche übersetzt wurde.

Einführung	5
Was ist maschinelles Lernen?	9
ML Kategorien	20
Die ML Werkzeugkiste	31
Datenaufbereitung	46
Vorbereitung Ihrer Daten	58
Regressionsanalyse	64
Clustering	81
Bias und Varianz	93
Künstliche, neuronale Netzwerke	99
Entscheidungsbäume	111
Ensemble Modeling	121
Erstellen eines Modells in Python	124
Modelloptimierung	139

Einführung

Seit der industriellen Revolution hat sich die Technologie weiterentwickelt. Technik hat sich in Fabriken und großen Werken breitgemacht, aber jetzt erstrecken sich ihre Fähigkeiten über die manuellen Aktivitäten hinaus auf kognitive Aufgaben, die bis vor kurzem nur von Menschen ausgeführt werden konnten. Entscheidungen bei Songfestivals, das Fahren von Autos und den Boden durch professionelle Schachspieler reinigen zu lassen sind drei Beispiele von komplexen Aufgabenstellungen, die Maschinen imstande sind zu simulieren.

Aber ihre bemerkenswerten Fähigkeiten verursachen bei einigen Beobachtern Angst. Ein Teil dieser Furcht scheint sich bei überlebenswichtigen Unsicherheiten breit zu machen und zu der tiefgründigen Frage des „Was passiert, wenn ...?" zu führen. *Was passiert, wenn* intelligente Maschinen sich mit uns auf einen Wettbewerb der Besten einlassen? *Was passiert, wenn* intelligente Maschinen andere mit Fähigkeiten ausstatten, die Menschen niemals gerade diesen Maschinen überlassen wollten? Was passiert, wenn die Legende der Einzigartigkeit wahr ist?

Die andere bemerkenswerte Furcht bezieht sich auf die Bedrohung unserer Jobsicherheit; wenn Sie ein LKW-Fahrer sind oder ein Buchhalter, gibt es durchaus einen echten Grund, sich Sorgen zu machen. Laut der interaktiven online Quelle des BBC *„Wird ein Roboter* *meinen Job machen?"* werden folgende Berufe wahrscheinlich bis zum Jahr 2035 automatisiert werden: Barkeeper (77%), Kellner (90%), zugelassene Buchhalter (95%), Rezeptionisten (96%) und Taxifahrer (57%).[1]

Aber Forschungsergebnisse bezüglich geplanter Automation im Beruf und Prognosen aus einer Kristallkugel bezüglich der weiteren Evolution von Maschinen und künstlicher Intelligenz (KI) sollten jedoch mit einer Portion Skepsis betrachtet werden.

KI-Technologie schreitet schnell voran, aber die allgemeine Anerkennung ist immer noch ein unbekannter Weg, gepflastert mit bekannten und unvorhersehbaren Herausforderungen. Verzögerungen und weitere Hindernisse sind unausweichlich.

Maschinelles Lernen ist auch nicht nur das Drehen eines Schalters und das Befragen der Maschine, um das Ergebnis der Champions League vorauszusagen oder um einen köstlichen Martini zu servieren.

Maschinelles Arbeiten basiert auf statistischen Algorithmen, die von fähigen Individuen gemanagt und kontrolliert werden - bekannt als *Datenspezialisten* und *Ingenieure für maschinelles Lernen*. Das ist ein Arbeitsmarkt, bei dem die Jobmöglichkeiten auf Wachstum stehen, aber gegenwärtig die Nachfrage das Angebot übertrifft.

Experten aus der Industrie beklagen sich, dass eines der größten Hindernisse für eine verzögerte Entwicklung der KI darin besteht, dass es im Augenblick nicht genügend Fachleute mit dem notwendigen Wissen und dem entsprechenden Training gibt.

Laut Charles Green, dem Direktor der Denkfabrik bei Belatrix Software, heißt es:

„Es ist eine riesige Herausforderung, Datenspezialisten zu finden, Menschen mit Erfahrungen im maschinellen Lernen oder mit der Fähigkeit, Daten zu analysieren und diese dann zu nutzen, und darüber hinaus natürlich auch jene Menschen, die die Algorithmen erschaffen können, die für maschinelles Lernen erforderlich sind. Zum anderen gibt es eine Vielzahl von aktuellen Weiterentwicklungen, die mit zunehmender Technologieentwicklung einhergehen. Es ist klar, dass KI noch weit entfernt von dem ist, was wir für möglich halten." [2]

Um intelligente Maschinen zu bauen und zu programmieren muss man zunächst die klassischen Statistiken verstehen. Algorithmen aus diesen klassischen Statistiken tragen zu den - metaphorisch gesprochen - Zellen und dem Sauerstoff bei, die letztlich das maschinelle Lernen befeuern. Schicht um Schicht der linearen Regression, Nächste-Nachbarn-Klassifikation (*k*-nearest neighbor) und zufallsbestimmte Ergebnisse durchlaufen die Maschinen und bringen ihre kognitiven Fähigkeiten voran. Klassische Statistiken bilden das Herz des maschinellen Lernens und viele dieser Algorithmen beruhen auf den gleichen statistischen Ergebnissen, die Sie auf dem Gymnasium kennengelernt haben. In der Tat wurden statistische Algorithmen auf Papier entwickelt, bevor die Maschinen ihre Herrschaft antraten und mit *künstlicher Intelligenz* bezeichnet wurden.

Das Programmieren eines Computers ist ein weiterer unverzichtbarer Bestandteil des maschinellen Lernens. Es gibt kein „Klicken und fallen lassen" oder eine Web 2.0 Lösung, um fortgeschrittenes maschinelles Lernen umzusetzen, und zwar auf eine Weise, wie man zum Beispiel mit WordPress bequem eine Webseite bauen kann. Aus diesem Grunde sind

Programmierfähigkeiten eine absolut notwendige Voraussetzung um Daten zu managen und statistische Modelle zu entwerfen, die auf unseren Maschine laufen.

Einige Studenten des maschinellen Lernens haben vielleicht Jahre mit Programmiererfahrung hinter sich, aber haben sich seit dem Gymnasium nicht mit klassischen Statistiken beschäftigt. Andere sind vielleicht sogar kein einziges Mal während der Schulzeit mit Statistiken konfrontiert worden. Aber keine Sorge, viele Algorithmen des maschinellen Lernens, die wir in diesem Buch ansprechen, haben bereits funktionierende Implementationen in der ausgewählten Programmiersprache; eine weitere schriftliche Anpassung ist nicht notwendig. Sie können den Code benutzen um die tatsächliche Zahl auszuführen, die Sie suchen.

Wenn Sie nicht gelernt haben, zu kodieren, dann werden Sie das tun müssen, wenn Sie in diesem Bereich vorankommen wollen. Aber wegen diesem kompakten Anfängerkurs können Sie das Curriculum ohne jegliches Hintergrundwissen für Computerprogrammierung absolvieren. Das Buch fokussiert sich auf die anspruchsvollen Grundlagen des maschinellen Lernens wie auch auf die mathematischen statistischen Grundlagen, wenn es sich um das Entwerfen von Modellen des maschinellen Lernens handelt.

Für diejenigen, die sich ein wenig näher mit den programmierenden Aspekten des maschinellen Lernens beschäftigen wollen, ist Kapitel 13 gedacht. Es führt Sie durch den vollständigen Prozess bei dem Erstellen eines überwachten Lernmodells, indem es die populäre Programmsprache Python verwendet.

Was ist maschinelles Lernen?

Im Jahr 1959 veröffentlichte IBM im *IBM Journal of Research and Development* einen Artikel mit einer für die damalige Zeit unklaren und merkwürdigen Überschrift. Autorisiert von IBM's Arthur Samuel, siedelte der Artikel den Nutzen von maschinellem Lernen bei einem Dame-Spiel an, um „die Tatsache zu verifizieren, dass ein Computer so programmiert werden kann, dass er besser Dame spielen kann als die Person, die das Programm geschrieben hat."[3]

Wenn es auch nicht die erste Publikation war, die den Ausdruck „maschinelles Lernen" per se benutzte, so sieht man in Arthur Samuel doch die erste Person, die maschinelles Lernen in der Form, wie wir es heute kennen, definiert hat. Samuels typischer Markstein, veröffentlicht in dem Journal unter dem Titel *Some Studies in Machine Learning Using the Game of Checkers,* ist ein früher Hinweis auf die Bestimmung des homo sapiens, unser eigenes System des Lernens an die von Menschen hergestellten Maschinen weiterzugeben.

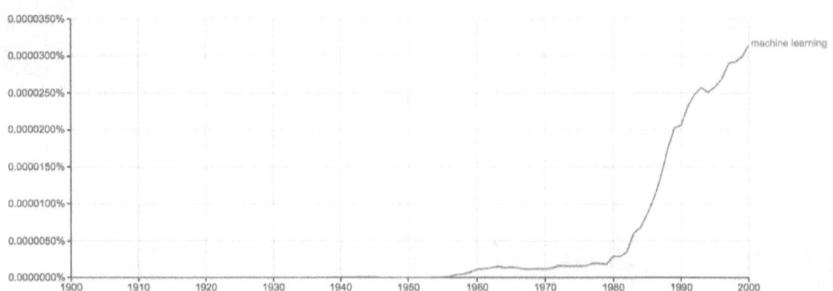

Abbildung 1: Erwähnungen des Begriffs „maschinelles Lernen" in der Vergangenheit in veröffentlichten Büchern. *Quelle: Google Ngram Viewer, 2017*

Arthur Samuel hat maschinelles Lernen in seinen Ausführungen als einen Teilbereich der Computerwissenschaft eingeführt, der Computern die Fähigkeit zu lernen verleiht, ohne explicit programmiert zu sein.[4] Beinahe sechs Jahrzehnte später gilt diese Definition als weitgehend akzeptiert.

Auch wenn laut Arthur Samuels Definition das Konzept des *Selbstlernens* nicht direkt angesprochen ist, so hat es doch eine Schlüsselfunktion. Das bezieht sich auf die Anwendung eines statistischen Modells, um Muster zu entdecken und die Durchführung zu verbessern, die auf Daten und empirische Informationen beruhen; und das alles ohne direkte Programmierbefehle. Das ist genau das, was Arthur Samuel als die Fähigkeit beschrieben hat, zu lernen ohne ausdrücklich programmiert zu sein. Aber er zieht daraus nicht den Schluss, dass Maschinen Entscheidungen treffen können, ohne zuvor programmiert zu sein. Stattdessen beobachtete Samuel, dass Maschinen nicht unbedingt einen direkten *Input-Befehl* benötigen, um eine Aufgabe zu erledigen, sondern vor allem *Input-Daten*.

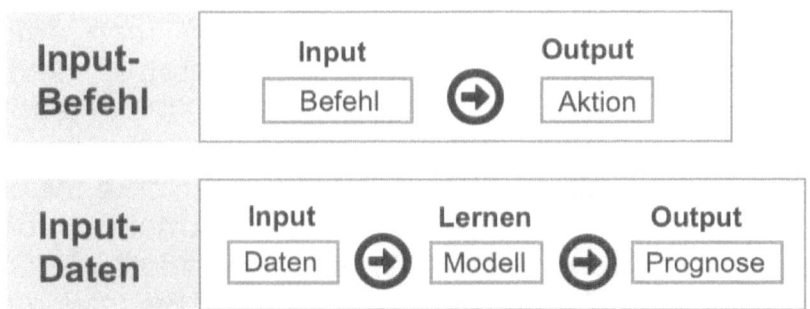

Abbildung 2: Vergleich von Input-Befehl und Input-Daten

Ein Beispiel für einen Input-Befehl ist es, wenn man „2 + 2" in einer Programmiersprache wie zum Beispiel Python eingibt und anschließend „Enter" drückt.

```
>>> 2+ 2
4
>>>
```

Das ist ein Beispiel für einen direkten Befehl mit einer direkten Antwort. Bei der Eingabe von Daten verhält es jedoch etwas anders. Daten werden in den Computer eingegeben, ein Algorithmus wird ausgewählt, Hyperparameter (Settings) werden konfiguriert und angepasst und der Computer wird aufgefordert, seine Analyse durchzuführen. Er beginnt, Muster in den Daten durch den Prozess von Versuch und Irrtum zu entziffern. Das Datenmodell des Computers, entstanden durch die Analyse der Daten-Muster, kann dann verwendet werden, um zukünftige Werte vorauszusagen.

Wenn es auch eine Beziehung zwischen dem Programmierer und dem Computer gibt, so arbeiten sie doch etwas anders im Vergleich zu traditioneller Computerprogrammierung. Das ist deshalb so, weil der Computer Entscheidungen formuliert, die auf Erfahrung beruhen und den Prozess einer Entscheidungsfindung, der auf menschlichem Denken beruht, imitiert. Ein Beispiel: Wenn man die Sehgewohnheiten von Datenspezialisten beim Betrachten von YouTube analysiert hat, dann erkennt der Computer eine starke Beziehung zwischen Datenspezialisten und Katzenvideos. Später erkennt er Muster zwischen den physischen Merkmalen von Fußballspielern und der Wahrscheinlichkeit, den wichtigsten Wettbewerb der Saison, zum Beispiel die Champions League, als *Spieler des Jahres* zu gewinnen. Bei dem ersten Beispiel hat der Computer analysiert, welche Videos Datenspezialisten gerne auf YouTube sehen, abhängig von dem Engagement der Anwender; Kriterien waren die Likes, Abonnements und das wiederholte Anschauen. Im zweiten Beispiel verglich der Computer die physischen Merkmale früherer Fußballspieler als *Spieler des Jahres* mit unterschiedlichen anderen Merkmalen wie zum Beispiel Alter und Ausbildung. In beiden Fällen jedoch wurde der Computer nicht explizit programmiert, um ein direktes Ergebnis hervorzubringen. Man hat die Input-Daten eingegeben und die entsprechenden Algorithmen konfiguriert, aber die endgültige Voraussage wurde durch das Selbstlernen und die Datenverarbeitung durch die Maschine, den Computer, bestimmt.

Das Erstellen eines Datenmodells kann man sich ähnlich vorstellen wie das Training eines Blindenhundes. Durch spezialisiertes Training lernen Blindenhunde, wie sie in verschiedenen Situationen reagieren sollen. Zum Beispiel wird der Hund lernen, bei einer roten Ampel zu warten oder seinen Besitzer um Hindernisse herum zu führen. Wenn der Hund angemessen trainiert worden ist, dann wird letztlich der Trainer nicht mehr erforderlich sein; der Blindenhund wird imstande sein, sein Training in verschiedenen, nicht überwachten Situationen anzuwenden.

In ähnlicher Weise können Modelle als Ergebnis des maschinellen Lernens trainiert werden, um Entscheidungen zu fällen, die auf vergangenen Erfahrungen beruhen. Ein einfaches Beispiel ist, ein Modell zu erschaffen, das zum Beispiel Spam E-Mails herausfindet. Das Modell ist darauf trainiert, E-Mails mit verdächtigen Betreffs und Texten zu blockieren wenn sie drei oder weitere gekennzeichnete Keywords enthalten: Lieber Freund, kostenlos, Rechnung, PayPal, Viagra, Casino, Bezahlung, Pleite und Gewinner. Auf dieser Ebene jedoch findet noch kein maschinelles Lernen statt. Wenn wir uns an die visuelle Darstellung der Abbildung 2 *Input-Befehle und Input-Daten* erinnern, dann können wir sehen, dass dieser Prozess aus nur zwei Schritten besteht: Befehl > Handlung.

Maschinelles Lernen jedoch ist ein dreistufiger Prozess: Daten> Modell> Handlung.

Wenn man also maschinelles Lernen in unser Spam-Entdeckungssystem einführen will, dann müssen wir „Befehl" durch „Daten" ersetzen und „Modell" hinzufügen, um eine Handlung zu bewirken (Output). In diesem Beispiel umfassen die Daten beispielhafte E-Mails; das Modell besteht aus auf Statistik beruhenden Regeln. Die Parameter des Modells beinhalten die gleichen Keywords von unserer ursprünglichen Negativliste. Das Modell wird dann trainiert und vergleicht jeweils die Daten.

Wenn die Daten einmal in das Modell eingegeben sind, ist die Wahrscheinlichkeit groß, dass Annahmen bei dem Modell zu einigen falschen Voraussagen führen. So wird zum Beispiel nach den Regeln dieses Modells die folgende E-Mail Betreffzeile automatisch als Spam klassifiziert: „**PayPal** hat Ihre **Einzahlung** für das

Casino Royale erhalten, welches Sie über eBay erworben haben."

Da dies eine echte E-Mail ist, die von dem automatischen PayPal Beantwortungs-Service stammt, ist das Spam Entdeckungssystem auf einer falschen, weil nämlich positiven, Spur auf einer Negativliste von Keywords, die das Modell kennt. Traditionelles Programmieren ist in solchen Fällen sehr anfällig, da es keinen eingebauten Mechanismus gibt, um Vermutungen zu testen und die Regeln dieses Modells zu modifizieren. Maschinelles Lernen andererseits kann durch seinen dreistufigen Prozess und durch die Reaktion auf Fehler Vermutungen adaptieren und modifizieren.

Training und Testdaten

Beim maschinellen Lernen unterscheidet man *Trainingsdaten* und *Testdaten*. Die erste Aufgliederung der Daten, d.h. die anfängliche Datenmenge, die man benutzt, um das Modell zu entwickeln, sind die Trainingsdaten. Im Beispiel der Spamerkennung können falsche positive Daten wie zum Beispiel die automatische Antwort von PayPal durch die Trainingsdaten entdeckt werden. Es müssen neue Regeln oder Modifikationen hinzugefügt werden, z.B. E-Mail Mitteilungen von dem Absender „payments@paypal.com" vom Spamfilter auszuschließen.

Wenn Sie erfolgreich ein Modell entwickelt haben, das auf Trainingsdaten beruht und Sie mit der Genauigkeit zufrieden sind, dann kann man das Modell mit den verbliebenen Daten testen, die man Testdaten nennt. Wenn Sie dann mit den Ergebnissen beider Datenformen zufrieden sind, dann ist das Modell des maschinelle Lernens bereit, eingehende E-Mails zu filtern und Entscheidungen zu treffen, wie diese einkommenden Nachrichten kategorisiert werden sollen.

Der Unterschied zwischen maschinellem Lernen und traditionellem Programmieren scheint zunächst trivial zu sein; wenn Sie sich aber weitere Beispiele ansehen und Zeuge werden, über welche besonderen Fähigkeiten das Selbstlernen in differenzierteren Situationen verfügt, dann wird das deutlich.

Eine zweite wichtige Aussage in diesem Kapitel zeigt uns, wie maschinelles Lernen in die umfassendere Daten-und Computerwissenschaft eingeordnet werden kann. Das bedeutet zu verstehen, wie maschinelles Lernen in wechselseitiger Beziehung zu übergeordneten Feldern und verwandten Disziplinen steht. Das ist wichtig, da man auf diese verwandten Begriffe trifft, wenn man nach relevanten Studienmaterialien sucht - in Einführungskursen über maschinelles Lernen werden Sie bis zum Überdruss damit konfrontiert. Wichtige Disziplinen kann man im ersten Augenblick nur schwierig unterscheiden, wie zum Beispiel „maschinelles Lernen" und „Data-Mining".

Ich möchte mit einer anspruchsvollen Einführung beginnen. Maschinelles Lernen, Data-Mining, Computerprogrammierung und die meisten relevanten Bereiche (außer klassische Statistiken) stammen zunächst aus der Computerwissenschaft, die alles umfasst, was mit dem Design und der Anwendung eines Computers zu tun hat. Im alles umfassenden Bereich der Computerwissenschaften ist das nächste große Feld: Datenwissenschaft. Etwas enger gefasst als Computerwissenschaft beinhaltet Datenwissenschaft Methoden und Systeme, um

Wissen und Erkenntnisse von Daten durch den Einsatz von Computern zu gewinnen.

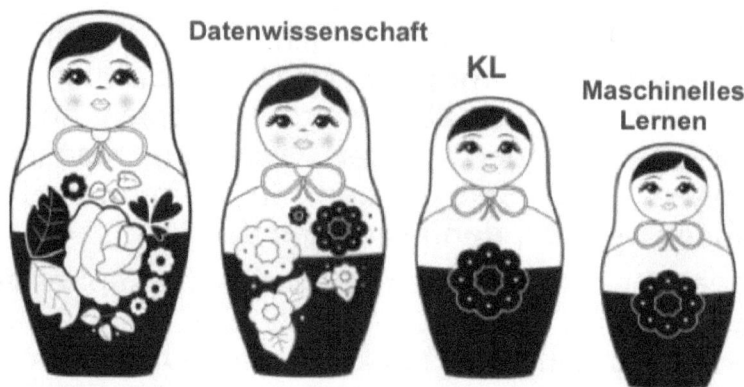

Abbildung 3: Die Verzweigungen bei maschinellem Lernen, dargestellt an einer Reihe von russischen Matrjoschka- Puppen

Versteckt in den „Puppen" Computerwissenschaft und Datenwissenschaft ist die dritte der Matrjoschka-Puppen die künstliche Intelligenz (KI), englisch AL für Artificial Intelligence. Diese umfasst die Fähigkeit der Maschinen, intelligente und kognitive Aufgaben zu erfüllen.

Wenn KI sich auch umfassender und dramatischer entwickelt als Computerwissenschaft und Datenwissenschaft, so enthält sie zahllose Unterabteilungen, die heute populär sind. Diese Unterabteilungen beinhalten Suchen und Planen, Argumentieren und Wissensrepräsentation, Wahrnehmung, natürliche Sprachforschung (NLP) und - vor allem - maschinelles Lernen. Maschinelles Lernen erstreckt sich in andere Bereiche von KI, einschließlich NLP und Wahrnehmung, durch den entsprechenden Einsatz von Algorithmen des Selbst-Lernens.

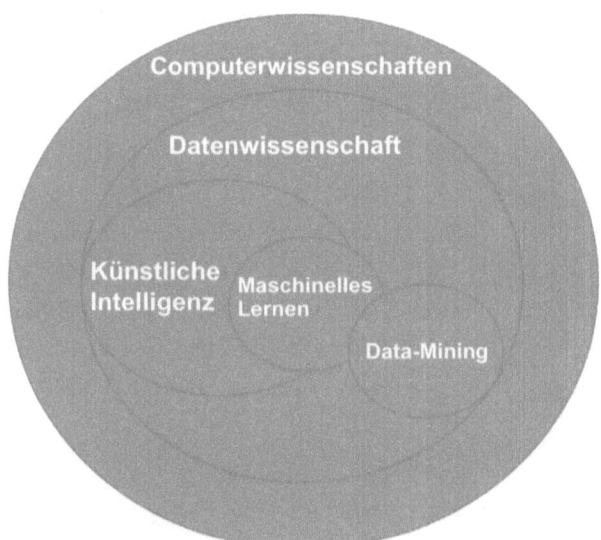

Abbildung 4: Visuelle Darstellung der Beziehung zwischen datenverwandten Feldern

Für den Studierenden mit Interesse an KI liefert maschinelles Lernen einen exzellenten Startpunkt insofern, als es eine fokussierte und praktische Sicht des Studiums erlaubt, verglichen mit der konzeptionellen Mehrdeutigkeit von KI.

Algorithmen, die man bei maschinellem Lernen findet, kann man auch auf andere Disziplinen anwenden, einschließlich der Wahrnehmung und des natürlichen Spracherwerbs. Außerdem ist ein Master-Abschluss geeignet, um einen gewissen Level von Expertenwissen bezüglich maschinellen Lernens zu entwickeln, aber möglicherweise brauchen Sie auch einen Doktortitel, um bei KI einen wirklichen Schritt nach vorne machen zu können.

Wie gesagt, maschinelles Lernen überschneidet sich auch mit einer Schwester-Disziplin, die sich darauf konzentriert, Muster in großen Datenmengen zu entdecken und zu benennen. Bekannte Algorithmen, wie zum Beispiel das „*k*-Means clustering",

Assoziationsanalysen und Regressionsanalysen findet man sowohl im Data-Mining als auch beim maschinellen Lernen, um Daten zu analysieren.

Aber während sich maschinelles Lernen auf den automatisch voranschreitenden Prozess des Selbstlernens und der Datenanalyse konzentriert, um Vorhersagen bezüglich der Zukunft zu treffen, beschränkt sich das Data-Mining darauf, große Datenmengen an Datensätzen zu untersuchen, um wertvolle Erkenntnisse aus der Vergangenheit ausfindig zu machen.

Den Unterschied zwischen Data-Mining und maschinellem Lernen kann man am Beispiel einer Analogie von zwei archäologischen Teams erklären. Das erste Team besteht aus Archäologen, die ihren Fokus darauf richten, Schutt wegzuräumen, der wertvolle Funde überdeckt und sie somit dem direkten visuellen Zugriff entzieht. Ihre vordringlichen Ziele sind es, den Bereich auszugraben, neue wertvolle Entdeckungen zu machen, um anschließend ihre Ausrüstung einzupacken und am nächsten Tag weiter zu einem anderen exotischen Ziel zu ziehen, um ein neues Projekt ohne jegliche Beziehung zu dem Ort zu finden, wo sie am Tag zuvor gegraben haben.

Auch das zweite Team beschäftigt sich mit Ausgrabungen historischer Stätten, aber diese Archäologen gehen anders vor. Großzügig sperren sie die Hauptausgrabungsstelle für mehrere Wochen ab. In dieser Zeit besuchen sie andere relevante, archäologische Fundstätten in der Gegend und untersuchen, wie jede Ausgrabungsstätte ausgegraben wurde. Nachdem sie nun zu ihrer eigentlichen Ausgrabungsstelle zurückgekehrt sind, wenden sie dieses Wissen an, um kleinere Stellen auszugraben, die den Hauptausgrabungsort umgeben.

Dann analysieren die Archäologen die Ergebnisse. Nachdem sie ihre Erfahrungen bei dieser einen Ausgrabungsstelle reflektiert haben, optimieren sie ihre Bemühungen, den nächsten Fundort auszugraben. Das beinhaltet eine Voraussage, wie lange sie brauchen um eine Stelle auszugraben, das Verständnis von Unterschieden und Mustern, die sich in der Erde finden, und das Entwickeln neuer Strategien, um Irrtümer zu reduzieren und die Genauigkeit ihrer Arbeit zu verbessern. Aufgrund dieser Erfahrung sind sie imstande, ihren Zugang zu optimieren, um ein Strategiemodell zu entwerfen, wie man die Haupt-Ausgrabungsstelle untersucht.

Wenn es noch nicht klar sein sollte: Das erste Team vertritt das Data-Mining und das zweite Team das maschinelle Lernen. Auf einem Mikrolevel scheinen Data-Mining und maschinelles Lernen ähnlich und in der Tat verwenden sie viele der gleichen Werkzeuge. Beide Teams leben davon, historische Stätten zu untersuchen und wertvolle Gegenstände zu entdecken. Aber praktisch gesehen sind ihre Methoden sehr unterschiedlich. Das Team des maschinellen Lernens fokussiert sich darauf, seine Daten in Trainingsdaten und Testdaten aufzuteilen, um ein Modell zu schaffen und zukünftige Voraussagen, basierend auf früheren Erfahrungen, zu verbessern. In der Zwischenzeit konzentriert sich das Data-Mining Team darauf, den entsprechenden Zielbereich so effektiv wie möglich auszugraben - ohne den Einsatz eines Selbstlern-Modells -, bevor es sich zum nächsten Ausgrabungsort begibt.

ML Kategorien

Maschinelles Lernen gründet auf Hunderten von statistisch basierten Algorithmen und die Auswahl des richtigen Algorithmus' oder der Kombination von Algorithmen für die spezielle Aufgabe ist eine konstante Herausforderung für jeden, der in diesem Bereich arbeitet. Bevor wir aber die spezifischen Algorithmen untersuchen ist es wichtig, die drei übergeordneten Kategorien von maschinellem Lernen zu verstehen. Diese drei Kategorien heißen **überwacht**, **unüberwacht** und **Bestärkung**.

Überwachtes Lernen

Als erster Zweig von maschinellem Lernen konzentriert sich überwachtes Lernen darauf, Muster zu lernen, indem es die Beziehung zwischen Variablen und bekannten Ergebnissen miteinander verknüpft und mit markierten Datensätzen arbeitet.

Überwachtes Lernen funktioniert, indem man in den Computer Beispieldaten mit verschiedenen Merkmalen (repräsentiert als „X") und dem korrekten Wert-Output der Daten („y") eingibt. Die Tatsache, dass die Output- und Feature-Werte bekannt sind, qualifiziert die Datensätze als „markiert". Dann dechiffriert der Algorithmus Muster, die in den Daten existieren, und erschafft ein Modell, das die zugrunde liegenden Regeln mit neuen Datenmengen reproduzieren kann.

Um zum Beispiel den Marktpreis für den Erwerb eines gebrauchten Autos vorhersagen zu können, kann ein überwachter Algorithmus Vermutungen formulieren, indem er die Beziehung zwischen den Eigenschaften des Autos (einschließlich des Baujahres, der Marke, der Kilometerleistung usw.) und dem Verkaufspreis anderer verkaufter Autos analysiert, basierend auf früheren Daten. Vorausgesetzt, dass der überwachte Algorithmus den endgültigen Preis von anderen verkauften Autos kennt, kann er dann rückwärts arbeiten, um die Beziehung zwischen den Merkmalen des Autos und seinem Wert zu bestimmen.

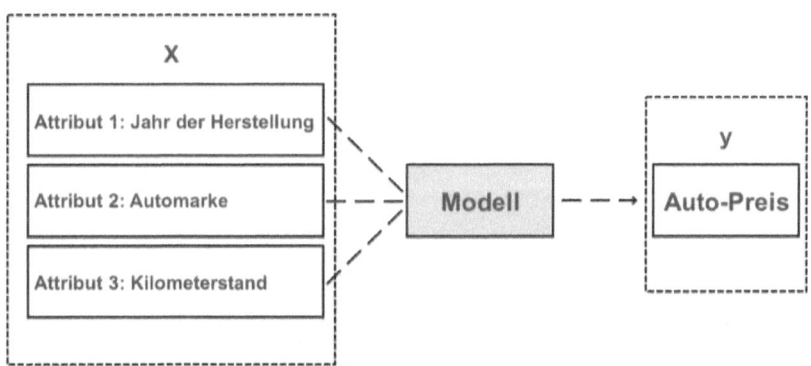

Abbildung 5: Modell zur Vorhersage des Wertes eines Autos

Nachdem die Maschine die Regeln und Muster der Daten entziffert hat, erschafft es das, was als Modell bekannt ist: Eine Algorithmengleichung, um ein Ergebnis zu finden, und zwar mit neuen Daten, die auf den Regeln beruhen, die man den Trainingsdaten entnommen hat. Ist das Modell erst einmal vorbereitet, kann es auf neue Daten angewendet und auf Genauigkeit getestet werden. Wenn das Modell sowohl die Trainings- als auch die Testdaten erfolgreich durchlaufen hat, kann es angewendet und in der realen Welt eingesetzt werden.

In Kapitel 13 werden wir ein Modell zur Voraussage über die Wertermittlung einer Immobilie erschaffen, bei dem y der aktuelle Hauspreis ist und X die Variablen sind, die beeinflussen, wie etwa Grundstücksgröße, Ort und die Zahl der Zimmer. Durch überwachtes Lernen werden wir eine Regel schaffen, um y vorauszusagen (den Wert des Hauses), basierend auf den bekannten Angaben der unterschiedlichen Variablen (X).

Beispiele für Algorithmen des überwachten Lernens sind eine Regressionsanalyse, Entscheidungsbäume, "*k*-nearest neighbors", neuronale Netzwerke und Unterstützung gewährende Vektorenmaschinen. Jede dieser Techniken wird später in diesem Buch behandelt.

Unüberwachtes Lernen

Bei unüberwachtem Lernen sind nicht alle Variablen und Datenmuster klassifiziert. Stattdessen muss die Maschine verborgene Muster entdecken und durch den Einsatz von Algorithmen des unkontrollierten Lernens Kennzeichnungen kreieren. Der „*k*-Means" - Algorithmus ist ein bekanntes Beispiel für unkontrolliertes Lernen. Dieser einfache Algorithmus gruppiert ermittelte Datenpunkte, um ähnliche Features zu finden wie in Abbildung 6 gezeigt.

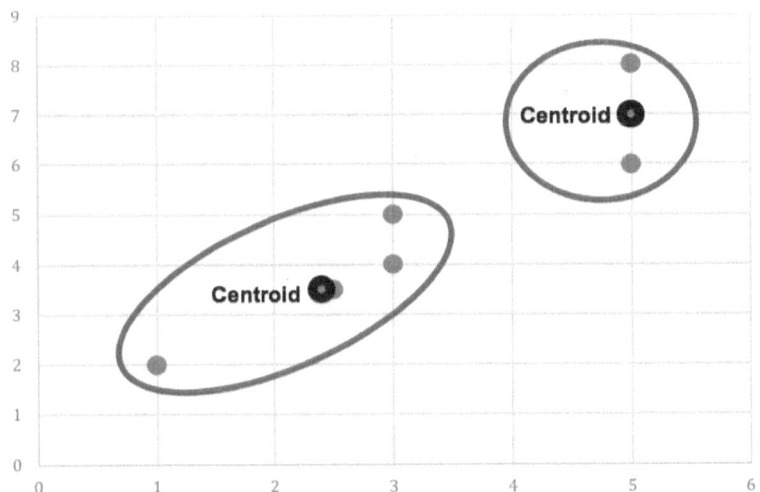

Abbildung 6: Beispiel eines *k*-Means clustering, eine bekannte Technik unüberwachten Lernens

Wenn Sie z.B. Datenpunkte bezüglich des Kaufverhaltens von kleinen und mittelgroßen Unternehmungen (SMEs) und großen Unternehmenskunden gruppieren, werden sich vermutlich zwei Cluster bilden. Das ist einfach so, weil SMEs und Großkunden dazu neigen, unterschiedliches Kaufverhalten zeigen. Wenn es dann zum Einkauf einer Cloud-Infrastruktur kommt, werden beispielsweise die grundlegenden Cloud Hosting Ressourcen und ein entsprechend positives Netzwerk (CDN) für die meisten SME Kunden ausreichend sein. Großkunden jedoch neigen dazu, einen größeren Bereich von Cloud-Produkten und komplette Lösungen einzukaufen, eine fortgeschrittene Sicherheitstechnik und Netzwerkprodukte wie eine WAF (Web Application Firewall), eine bestimmte private Verbindung und eine VPC (Virtuelle Private Cloud). Durch eine Analyse der Kaufgewohnheiten von Kunden ist unüberwachtes Lernen in der Lage, diese zwei Käufergruppen zu identifizieren, ohne spezifische Label zu haben, die die Firma als klein, mittelgroß oder groß klassifizieren.

Der Vorteil unüberwachten Lernens liegt darin, dass Sie in die Lage versetzt werden, Muster in Daten zu entdecken, von deren Existenz Sie nichts wussten - wie zum Beispiel die Existenz von zwei größeren Kundentypen. Cluster-Techniken wie zum Beispiel *k*-Means clustering kann auch ein Sprungbrett sein, weitere Analysen durchzuführen, nachdem man eigenständige Gruppen entdeckt hat.

In der Industrie hat sich unüberwachtes Lernen als besonders stark bei der Entdeckung von Betrugsversuchen gezeigt - also gerade da, wo die meisten gefährlichen Attacken jene sind, die noch klassifiziert werden müssen. Ein Beispiel aus der Realität ist DataVisor, die ihr Geschäftsmodell im Wesentlichen auf unüberwachtem Lernen aufgebaut haben.

2013 in Kalifornien gegründet, schützt DataVisor Kunden vor betrügerischen Onlineaktivitäten, einschließlich Spam, Fake reviews, Fake App-Installation und betrügerischen Transaktionen. Wo traditionelle Serviceleistungen vor betrügerischen Eingriffen schützen sollen, beruhen diese auf überwachten Lernmodellen und Suchmaschinen, wohingegen DataVisor unüberwachtes Lernen einsetzt, was in die Lage versetzt, nicht klassifizierte Kategorien von Angriffen in frühen Stadien zu entdecken.

Auf ihrer Webseite erklärt DataVisor, dass „existierende Lösungen, um Attacken zu entdecken, auf der menschlichen Erfahrung beruhen, auf Regeln oder darauf, gekennzeichnete Trainingsdaten zu erschaffen, um Modelle abzugleichen. Das bedeutet, sie sind nicht in der Lage neue Attacken festzustellen, die noch nicht durch Menschen identifiziert oder im Rahmen der Trainingsdaten gekennzeichnet worden sind."[5]

Das heißt, dass traditionelle Lösungen die Aktivitäten eines besonderen Angriffs analysieren und dann Regeln schaffen, um eine wiederholte Attacke vorherzusagen. In diesem Szenario ist die abhängige Variable y das Auftreten eine Attacke und die unabhängigen Variablen X sind die allgemeinen Voraussage-Variablen eines Angriffs. Beispiele für unabhängige Variablen könnten sein:

a) Eine plötzliche große Bestellung eines unbekannten Anwenders

Wenn zum Beispiel die üblichen Kunden im Allgemeinen weniger als $100 pro Auftrag ausgeben, aber ein neuer Kunde $8000 innerhalb eines Auftrags, sobald dessen Konto registriert ist.

b) Ein plötzlicher Anstieg von User-Bewertungen

Beispiel: Als typischer Autor und Buchverkäufer auf amazon.com ist es eher ungewöhnlich, wenn ich für mein erstes öffentliches Werk mehr als eine Bewertung in ein oder zwei Tagen bekomme. Im Allgemeinen hinterlässt einer von 200 Amazonlesern eine Buchkritik und die meisten Bücher verkaufen sich über Wochen oder Monate ohne eine Rückmeldung. Ich sehe jedoch üblicherweise in dieser Kategorie (Daten-Wissenschaft) Wettbewerber, die 20-50 Besprechungen an einem Tag bekommen! (Es ist nicht überraschend, wenn ich auch entdecke, dass Amazon diese verdächtigen Bewertungen Wochen oder Monate später entfernt).

c) Identische oder ähnliche Buchkritiken von unterschiedlichen Käufern

Wenn man der gleichen Amazon-Analogie folgt, finde ich oft Leserkritiken meines Buches, die einige Monate später bei anderen Büchern auftauchen (Manchmal mit einer Referenz auf meinen Namen, wenn etwa der

Autor in der Kritik genannt wird!). Noch einmal, am Ende entfernt Amazon diese falschen Kritiken und verbietet diese Konten, da die Teilnahmebedingungen missachtet wurden.

d) Verdächtige Absenderadressen

Beispiel: Kleinere Geschäfte verschicken normalerweise ihre Produkte zu lokalen Kunden, deshalb kann eine Bestellung aus einer sehr weit entfernten Lokalität (wo die Produkte gar nicht angeboten werden) in seltenen Fällen ein Indikator für einen betrügerischen Service sein.

Einzelne Aktivitäten wie eine plötzliche große Bestellung oder eine weit entfernte Bestelladresse können eine zu geringe Information liefern, um detaillierte cyberkriminelle Aktivitäten vorauszusagen und führen vermutlich eher zu vielen falschen Ergebnissen. Aber ein Modell, das die Kombinationen von unabhängigen Variablen verfolgt, wie z.B. eine sehr große Bestellung von der anderen Seite des Erdballs oder eine Lawine von Buchkritiken, die den bestehenden Inhalt wiedergibt, wird im Allgemeinen zu genaueren Voraussagen führen.

Ein überwachtes, auf Lernen basiertes Modell könnte analysieren und klassifizieren, was diese allgemeinen unabhängigen Variablen sind und ein System entwickeln, um wiederholte Zuwiderhandlungen zu identifizieren und vor diesen zu schützen.

Geschickte Kriminelle aus dem Cybermilieu lernen jedoch auf Klassifizierungen beruhende Computer durch ihre Taktiken zu modifizieren. Außerdem registrieren diese Angreifer sich normal und benutzen einzelne oder viele Konten und sind auf diesen Konten aktiv; sie erwecken den Anschein, korrekte Nutzer zu sein. Dann benutzen sie die aktivierte Kontogeschichte, um Aufspür-Systemen zu entgehen, die insbesondere auf erst kürzlich registrierte Konten spezialisiert sind. Überwachte, auf Selbstlernen basierte Lösungen haben Schwierigkeiten, sogenannte Schläferzellen zu entdecken, bis der tatsächliche Schaden eingetreten ist und vor allem hinsichtlich neuer Kategorien von Angriffen.

DataVisor und andere Provider von Antibetrugssoftware bevorzugen deshalb unüberwachtes Lernen, um die Einschränkungen des überwachten Lernens zu umgehen. Sie analysieren die Muster von Hunderten von Millionen von Konten und identifizieren verdächtige Verbindungen zwischen den Anwendern, ohne die tatsächliche Kategorie von zukünftigen Angriffen zu kennen. Indem sie schädliche Akteure gruppieren und deren Verbindungen zu anderen Konten analysieren, sind sie in der Lage bestimmte Arten von Angriffen vorauszusagen, deren unabhängigen Variablen noch nicht markiert und klassifiziert sind.

Schläferzellen in der Anfangsphase (sie geben sich als legitimierte Anwender aus) werden ebenfalls durch ihre Verbindung mit schädlichen Konten identifiziert. Cluster-Algorithmen wie zum Beispiel *k*-Means clustering sind imstande, diese Gruppierungen zu generieren ohne einen kompletten Trainingsdatensatz selbst in Form von unabhängige Variablen zu besitzen, die eindeutig Indikationen eines Angriffs wie z.B. die oben aufgelisteten vier Beispiele.

Darüber hinaus ist ein weiterer Vorteil von unüberwachtem Lernen, dass Unternehmen wie DataVisor imstande sind, komplette Verbrecherringe zu entdecken, indem sie verborgene Verbindungen zwischen den Anwendern identifizieren.

Wir werden später im Buch das Thema unüberwachtes Lernen behandeln, gerade auch im Hinblick auf eine Cluster Analyse. Weitere Beispiele unüberwachten

Lernens beinhalten eine Assoziationsanalyse, eine Analyse der sozialen Netzwerke und absteigende Algorithmen.

Bestärkendes Lernen

Bestärkendes Lernen ist die dritte und fortschrittlichste Algorithmus- Kategorie bei maschinellem Lernen. Anders als überwachtes und unüberwachtes Lernen verbessert bestärkendes Lernen kontinuierlich das Modell, indem das Feedback von vorausgegangenen Schritten aufgenommen wird. Das ist ein Unterschied zu überwachtem und unüberwachtem Lernen, die beide einen unbestimmten Endpunkt erreichen, wenn das Modell einmal formuliert ist, und zwar aufgrund der Trainings- und Testdaten.

Bestärkendes Lernen kann kompliziert sein und wird am besten durch eine Analogie zu einem Videospiel erklärt. Wenn sich ein Spieler durch den virtuellen Raum eines Spieles durchkämpft, lernt der den Wert von unterschiedlichen Aktionen unter verschiedenen Bedingungen kennen und wird mit dem Spielfeld immer vertrauter. Diese gelernten Erfahrungen beeinflussen das nachfolgende Verhalten eines Spielers und dessen Performance wird sich sofort aufgrund dieser Lernerfahrung und der vergangenen Erfahrungen verbessern.

Bestärkendes Lernen ist sehr ähnlich, es werden auch Algorithmen gesetzt, um das Modell während des kontinuierlichen Lernvorgangs zu trainieren. Ein Standardmodell des bestärkenden Lernens weist messbare Performance -Kriterien auf, wobei die Outputs nicht markiert sind - sie werden vielmehr klassifiziert. Bei selbstfahrenden Fahrzeugen wird das

Vermeiden eines Unfalls ein positives Ergebnis bedeuten und beim Schachspiel zum Beispiel wird das Vermeiden einer Niederlage ebenso einen positives Ergebnis vermelden.

Ein spezifisches Algorithmus-Beispiel von bestärkendem Lernen ist das Q-Learning. Dabei beginnt man mit einer vorgegebenen Umgebung von Staaten, dargestellt durch das Symbol „S". In dem Spiel Pac-man könnten Daten die Herausforderung sein, Hindernisse oder Wege, die es im Spiel gibt. Es gibt vielleicht links eine Wand, rechts einen Geist und darüber eine Wunderpille– und jedes repräsentiert unterschiedliche *states*.

Die mögliche Auswahl von Aktionen, auf diese *states* zu reagieren, heißt „A". Im Falle von Pac-man beschränken sich die Aktionen darauf, sich nach links, rechts, hoch und runter zu bewegen wie auch auf eine Mehrfachkombination davon.

Das dritte wichtige Symbol ist „Q". Q ist der Anfangswert und hat einen anfänglichen Wert von „0".

Während Pac-man den Raum innerhalb des Spieles erforscht, werden vor allem zwei Dinge passieren:

1). Q fällt ab, wenn negative Dinge nach einer vorgegebenen Aktion/*state* passieren.

2. Q wird größer, wenn positive Dinge nach einer folgenden Aktion/*state* passieren.

Beim Q-Learning lernt die Maschine, d.h. der Computer, mit einer angemessenen Aktion auf eine vorgehende Situation zu reagieren, die dazu führt, den höchsten Level von Q zu generieren oder zu erhalten. Der Computer lernt zunächst durch den Prozess von zufälligen Bewegungen (Aktionen) unter verschiedenen Bedingungen (*states*). Der Computer wird die Ergebnisse aufzeichnen (Belohnungen und Bestrafungen) und auch wie diese den Q-Level beeinflussen; außerdem werden diese Werte gespeichert, um bei weiteren zukünftigen Aktionen zu informieren und zu optimieren.

Wenngleich das recht einfach zu sein scheint, dann ist die Implementation eine weit schwierigere Aufgabe und geht weit über das hinaus, was man in einer Einführung zum maschinellen Lernen für einen absoluten Anfänger darstellen kann. Algorithmen des bestärkenden Lernens werden hier nicht besprochen, doch werde ich für Sie einen Link hinterlassen, unter dem Sie eine ausführliche Erklärung des verstärkenden Lernens und des Q-Learnings zum Pac-man Szenario finden.

https://inst.eecs.berkeley.edu/~cs188/sp12/projects/reinforcement/reinforcement.html

Die ML Werkzeugkiste

Ein geeigneter Weg um ein neues Themenfeld zu lernen liegt darin, die wichtigsten Materialien und Werkzeuge in die Werkzeugkiste „einzupacken" bzw. zu visualisieren.

Wenn Sie eine Werkzeugkiste packen, um eine Webseite zu erstellen z.B., dann würden Sie zuerst eine Auswahl von Programmiersprachen einpacken. Das sind dann Frontend Sprachen wie zum Beispiel HTML, CSS und Java-Skript, ein oder zwei Backend Programmiersprachen je nach Vorliebe und natürlich einen Texteditor. Man könnte auch ein Programm zum Erstellen einer Webseite wie WordPress mitnehmen und in ein anderes Fach Webhostings, DNS und vielleicht ein paar Domainnamen legen, die man kürzlich gekauft hat.

Das ist kein besonderes Inventar, aber mit dieser recht allgemeinen Liste kann man beginnen, ein besseres Verständnis dafür zu entwickeln, welche Werkzeuge man braucht, um ein erfolgreicher Webseiten Developer zu werden. Wir wollen jetzt einmal diese Werkzeugkiste für maschinelles Lernen auspacken.

Fach 1: Daten

Im ersten Fall liegen Ihre Daten. Die Daten legen die Inputvariablen fest, die man für eine Voraussage braucht. Die Daten kommen in vielen Formen vor, als strukturierte und nicht strukturierte Daten. Für einen Anfänger empfiehlt es sich mit strukturierten Daten zu beginnen. Das bedeutet, dass die Datenmenge definiert und markiert ist (mit einem Diagramm) wie im Folgenden gezeigt:

Datum	Bitcoin-Preis	Tage
19-05-2015	243,31	1
14-01-2016	431,76	240
09-07-2016	652,14	417
15-01-2017	817,26	607
24-05-2017	2358,96	736

Zunächst möchte ich den Aufbau eines tabellarischen Datensatzes erklären. Ein Datensatz in Tabellenform enthält Daten, die in Zeilen und Spalten organisiert sind. In jeder Spalte gibt es ein *Feature*. Ein Feature oder Merkmal ist auch bekannt als eine *Variable*, eine *Dimension* oder ein *Attribut* - aber sie meinen alle das gleiche.

Jede individuelle Zeile steht für eine einzige Beobachtung eines gegebenen Merkmals/einer Variablen. Zeilen werden manchmal auch als ein *Fall* oder als ein *Wert* bezeichnet, aber in diesem Buch verwende ich den Ausdruck Zeile.

	Vektor	Matrizen	
Reihe 1	Feature 1	Feature 2	Feature 3
Reihe 2			
Reihe 3			
Reihe 4			
Reihe 5			

Abbildung 7: Beispiel eines Datensatzes in Tabellenform

Jede Spalte ist bekannt als Vektor. Vektoren speichern Ihre X und y Werte und mehrfache Vektoren (Spalten) heißen üblicherweise *Matrizen*. Bei dem überwachten Lernen wird Ihr y Wert bereits in Ihrem Datensatz existieren und benutzt, um Muster in Beziehung zu den unabhängigen Variablen X zu identifizieren. Die y Werte werden üblicherweise in der letzten Spalte dargestellt, wie man in Abbildung 8 sieht.

	Vektor	Matrizen		
Reihe 1	Hersteller (X)	Jahr (X)	Modell (X)	Preis (y)
Reihe 2				
Reihe 3				
Reihe 4				
Reihe 5				

Abbildung 8: Der y Wert wird oft, aber nicht immer, in der Spalte am rechten Rand dargestellt

Danach, aber immer noch im ersten Fach der Werkzeugkiste, gibt es eine Reihe von

Streudiagrammen, einschließlich 2-D, 3-D und 4-D Ausdrucken. Ein 2-D Streudiagramm besteht aus einer vertikalen Achse (bekannt als y-Achse) und einer horizontalen Achse (bekannt als x-Achse) und sorgt für eine grafische Darstellung, um eine Serie von Punkten zu generieren, die als Datenpunkte bekannt sind. Jeder Datenpunkt auf dem Ausdruck steht für eine Beobachtung des Datensatzes, mit den x-Werten auf der x-Achse dargestellt und den y-Wert auf der y-Achse.

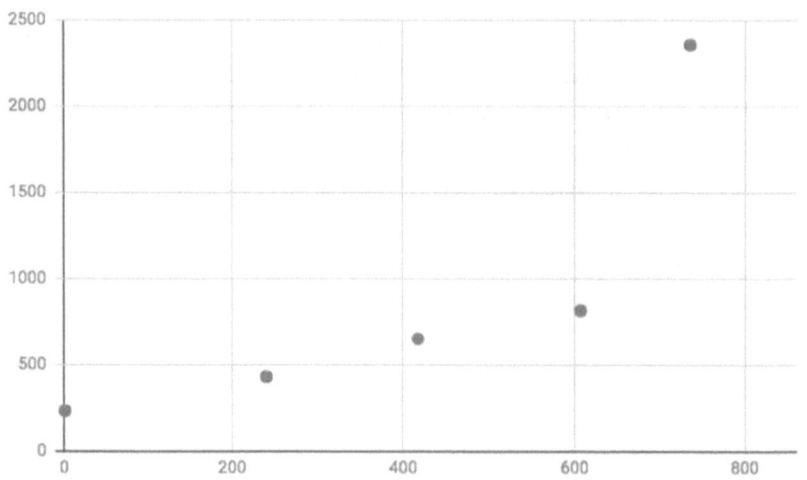

	Unabhängige Variable (X)	Abhängige Variable (Y)
Reihe 1	1	243,31
Reihe 2	240	431,76
Reihe 3	417	653,14
Reihe 4	607	817,26
Reihe 5	736	2358,96

Abbildung 9: Beispiel eines 2-D Streudiagramms. X steht für die vergangenen Tage seit der Aufnahme der Bitcoin Preise und y steht für den angegebenen Bitcoin Preis.

Fach 2: Infrastruktur

Das zweite Fach der Werkzeugkiste enthält Ihre Infrastruktur, die aus Plattformen und Werkzeugen besteht, um Daten weiter zu verarbeiten. Als Anfänger bei maschinellem Lernen werden Sie vermutlich eine Webapplikation verwenden (wie zum Beispiel Jupyter Notebook) und eine Programmsprache wie Python. Es gibt auch eine Reihe von Bibliotheken für maschinelles Lernen, einschließlich NumPy, Pandas und Scikit-Learning, die mit Python kompatibel sind. Bibliotheken für maschinelles Lernen sind eine Kollektion von vor-kompilierten Programmroutinen, die oft bei maschinellem Lernen eingesetzt werden. Sie brauchen auch eine Maschine, mit der sie arbeiten, entweder einen Computer oder ein virtueller Server. Zusätzlich könnten Sie spezielle Bibliotheken für Datenvisualisierung nutzen wie zum Beispiel Seaborn und Matplotlib oder selbstständige Softwareprogramme wie Tableau, das eine Reihe von Visualisierungstechniken unterstützt, u.a. Tabellen, Abbildungen, Karten und andere visuellen Optionen.

Wenn Sie nun Ihre Infrastruktur auf den Tisch ausgebreitet haben (natürlich hypothetisch), können Sie mit der Arbeit anfangen, Ihr erstes Modell zum maschinellen Lernen zu bauen. Als erstes starten Sie Ihren Computer. Bei kleineren Datensätzen eignen sich Laptops und Desktop-Computer in gleicher Weise. Dann müssen Sie eine Software-Entwicklungsumgebung installieren, wie etwa das Jupyter Notebook und eine Programmiersprache, die bei den meisten Anfängern wohl Python sein wird.

Python ist aus folgenden Gründen die am meisten verbreitete Programmiersprache für maschinelles Lernen:

a) Sie ist leicht zu lernen und gut geeignet um damit zu arbeiten.
b) Sie ist mit vielen Bibliotheken zum maschinellen Lernen kompatibel.
c) Sie kann für verwandte Aufgaben verwendet werden, einschl. der Datensammlung (*web scraping*) und des Data-Piping (Hadoop und Spark).

Andere geeignete Sprachen zum maschinellen Lernen sind C und C++. Wenn Sie mit C und C++ vertraut sind, dann sollten Sie bei dem Programm bleiben, das sie schon kennen. C und C++ sind die vorgegebenen Programmiersprachen für fortgeschrittenes maschinelles Lernen, da sie direkt auf einer GPU (Graphical Processing Unit) laufen. Python muss erst konvertiert werden, bevor es auf einer GPU laufen kann; wir werden später in diesem Kapitel darauf eingehen und auch darauf, was eine GPU eigentlich ist.

Danach werden die Python Anwender typischerweise die folgenden Programmbibliotheken importieren: NumPy, Pandas und Scikit-Learning. NumPy ist eine kostenlose und Open Source Programmbibliothek, die Ihnen erlaubt, große Datenmengen effizient zu laden und damit zu arbeiten, einschließlich des Umgangs mit Matrizen.

Scikit-Learning ermöglicht den Zugang zu einer Reihe von populären Algorithmen, einschließlich der linearen Regression, Bayes' Klassifizierer, und Supportvektormaschinen.

Mit Pandas schließlich können Sie Ihre Daten auf einem virtuellen Dateiblatt darstellen, das sich durch einen Code kontrollieren lässt. Es verwendet viele der Features des Excel Programms von Microsoft insofern, dass es Ihnen erlaubt, Daten zu bearbeiten und

Berechnungen durchzuführen. Der Name Pandas stammt sogar von dem Ausdruck „panel data", der sich wiederum auf die Fähigkeit bezieht, eine Serie von „Panels" (Feldern) zu erstellen, ähnlich den Datenblättern in Excel. Pandas ist auch sehr gut geeignet, Daten von CSV Files zu importieren und zu exportieren.

In [1]:

```
# Import library
import pandas as pd

# Read in data from CSV as a Pandas dataframe
df = pd.read_csv('~/Downloads/Melbourne_housing_FULL.csv')

df.head()
```

Out[1]:

	Suburb	Address	Rooms	Type	Price	Method	SellerG	Date	Distance	Postcode	...	Bathroom	Car	Landsize	BuildingArea	YearBuilt	Co
0	Abbotsford	68 Studley St	2	h	NaN	SS	Jellis	3/09/2016	2.5	3067.0	...	1.0	1.0	126.0	NaN	NaN	
1	Abbotsford	85 Turner St	2	h	1480000.0	S	Biggin	3/12/2016	2.5	3067.0	...	1.0	1.0	202.0	NaN	NaN	
2	Abbotsford	25 Bloomburg St	2	h	1035000.0	S	Biggin	4/02/2016	2.5	3067.0	...	1.0	0.0	156.0	79.0	1900.0	
3	Abbotsford	18/659 Victoria St	3	u	NaN	VB	Rounds	4/02/2016	2.5	3067.0	...	2.0	1.0	0.0	NaN	NaN	
4	Abbotsford	5 Charles St	3	h	1465000.0	SP	Biggin	4/03/2017	2.5	3067.0	...	2.0	0.0	134.0	150.0	1900.0	

5 rows × 21 columns

Abbildung 10: Vorschau einer Tabelle im Jupyter Notebook, das Pandas verwendet

Zusammengefasst haben die Anwender Zugriff auf diese 3 Bibliotheken, um

1. mithilfe von NumPy ein Datensatz zu laden damit zu arbeiten,
2. um Daten aufzuräumen und Berechnungen durchzuführen und mithilfe von Pandas Daten von CSV Files zu entnehmen,
3. Algorithmen mit Scikit-Learning zu implementieren.

Wenn Studierende alternative Programmoptionen suchen (jenseits von Python, C und C++), sind weitere relevante Programmiersprachen zum maschinellen Lernen u. a. MATLAB und Octave.

R ist eine kostenlose, Open Source Programmiersprache, optimiert für mathematische Operationen und geeignet, um Matrizen zu erschaffen und statistische Funktionen, die direkt in die Sprachbibliotheken von R eingebaut sind. Wenngleich R üblicherweise für Datenanalysen und Data-Mining eingesetzt wird, so unterstützt R ebenso Operationen bei maschinellem Lernen.

MATLAB und Octave sind direkte Mitbewerber von R. MATLAB ist eine kommerzielle und produktive Programmiersprache. Sie hat ihre Stärken beim Lösen von algebraischen Berechnungen und lässt sich recht schnell lernen. MATLAB wird oft im Bereich Elektrotechnik eingesetzt, in der Chemie Technik, im zivilen Ingenieurwesen und im Bereich der Aeronautik. Computerwissenschaftler und Computeringenieure neigen jedoch nicht besonders dazu, sich auf MATLAB zu verlassen, vor allem in letzter Zeit.

Was das maschinelle Lernen betrifft wird MATLAB eher im akademischen Bereich als in der Industrie eingesetzt. Auf diese Weise werden Sie in Onlinekursen viele Features von MATLAB wieder finden, besonders in Coursera; d.h. aber nicht, dass es üblicherweise in der realen Welt verwendet wird. Wenn Sie jedoch eine Ingenieur-Ausbildung haben, dann ist MATLAB eine konsequente Wahl.

Octave schließlich ist grundsätzlich eine kostenlose Version von MATLAB, die von der Open Source Communities als Antwort auf MATLAB entwickelt wurde.

Fach 3: Algorithmen

Jetzt, da die Umgebung für das maschinelle Lernen bereit ist und Sie Ihre Programmiersprache und

Bibliotheken ausgewählt haben, können Sie nun Ihre Daten direkt vom CSV File herunterladen. Sie können Hunderte von interessanten Datensätzen im CSV Format bei kaggle.com finden. Nachdem Sie sich auf der Plattform registriert haben, können Sie einen Datensatz Ihrer Wahl herunterladen. Das Beste dabei ist, dass kaggle-Datensätze ebenso kostenlos sind wie die Registrierung als Anwender.

Der Datensatz wird direkt auf Ihren Computer als ein CSV File heruntergeladen was zur Folge hat, dass Sie diesen mit Microsoft Excel öffnen und selbst grundlegende Algorithmen wie eine lineare Regression auf Ihrem Datensatz durchführen können.

Nun kommt das dritte und letzte Fach, welches die Algorithmen aufbewahrt. Anfänger werden typischerweise mit einfachen beginnen, mit Algorithmen des überwachten Lernens wie lineare Regression, logistische Regression, Entscheidungsbäume und Nächste-Nachbarn-Klassifikation (*k*-nearest neighbors). Darüber hinaus benutzen Anfänger häufig unüberwachtes Lernen in Form von *k*-Means clustering und absteigenden Algorithmen.

Visualisierung

Egal, wie nachdrücklich und interessant Ihre Datenentdeckungen sind, Sie müssen einen Weg finden, um die Ergebnisse effektiv mit den Entscheidungsfindern kommunizieren zu können. Hier kommt die Daten-Visualisierung ins Spiel, ein äußerst effektives Medium um Ihre Datenentdeckungen einer allgemeinen Zuhörerschaft zugänglich zu machen. Eine visuelle Präsentation durch Abbildungen, Streudiagramme, Kastendiagramme und entsprechende Zahlendarstellungen eignen sich hervorragend dafür.

Im Allgemeinen gilt, je weniger informiert Ihre Zuhörerschaft ist, desto wichtiger ist eine Visualisierung Ihrer Ergebnisse. Umgekehrt bedeutet das, wenn Ihre Zuhörerschaft sich mit der Thematik auskennt, können Sie zusätzliche Details und Fachausdrücke benutzen um die visuellen Elemente zu unterstützen.

Um Ihre Ergebnisse zu visualisieren, können Sie sich auf ein Tableau oder eine Python Bibliothek wie etwa Seaborn stützen, die ja im zweiten Fach Ihrer Werkzeugkiste untergebracht sind.

Werkzeugkiste für Fortgeschrittene

Bis jetzt haben wir uns mit der Werkzeugkiste für einen typischen Anfänger beschäftigt, aber wie sieht es bei einem fortgeschrittenen Anwender aus? Wie sieht deren Werkzeugkiste aus? Wenn es auch etwas dauert, bis Sie mit dem Handwerkszeug für Fortgeschrittene arbeiten können, so kann es doch nicht schaden, wenn man sich das einmal kurz ansieht.

Die Werkzeugkiste für einen fortgeschrittenen Lernenden erinnert an die eines Anfängers, aber natürlich findet man darin ein größeres Spektrum an Werkzeugen und vor allem an Daten. Einer der größten Unterschiede zwischen einem Anfänger und einem fortgeschrittenen Lernenden betrifft die Größe der Datenmengen, die zu managen und einzusetzen ist.

Anfänger beginnen naturgemäß mit kleineren Datensätzen, die leicht zu managen sind und die man direkt auf seinen Desktop als ein einfachen CSF File herunterladen kann. Fortgeschrittene Lernende jedoch wollen umfangreiche Datensätze angehen, die sich in der Nähe der sogenannten Big Data, der Massendaten, befinden.

Fach 1: Massendaten

Der Begriff Massendaten wird verwendet, um Datensätze zu beschreiben, die aufgrund des Datenvolumens, des Umfangs der Geschwindigkeit sowie der Bandbreite der Datentypen und -quellen nicht mit den konventionellen Methoden der Weiterverarbeitung beschrieben werden können, und die es für einen Menschen unmöglich machen würden, diese ohne die Unterstützung einer hoch entwickelten Maschine zu verarbeiten.

Massendaten sind nicht genau hinsichtlich der Größe oder der Gesamtzahl von Säulen und Zeilen definiert. Zurzeit versteht man darunter Petabytes (1000 Terabytes), aber die Datensätze werden immer größer, da wir neue Wege finden, um sie effizient zu sammeln und die Daten zu geringen Kosten zu speichern. Massendaten sind mit größerer Lärmentwicklung verbunden und weisen kompliziertere Datenstrukturen auf. Ein riesiger Anteil bei der Arbeit mit Massendaten kommt deshalb dem *scrubbing* zu, also dem Prozess, Ihre Datensätze aufzubereiten, bevor Sie Ihr Modell aufbauen; das wird im nächsten Kapitel behandelt.

Fach 2: Infrastruktur

Wenn man die Datensätze aufbereitet hat, ist der nächste Schritt, sich die Ausrüstung für das maschinelle Lernen vorzunehmen. Hinsichtlich der Werkzeuge gibt es keine wirklichen Überraschungen. Fortgeschrittene Lernende benutzen die gleichen Bibliotheken des maschinellen Lernens, die Programmiersprache und die Programmierumgebungen wie Anfänger.

Wenn man jedoch davon ausgeht, dass Fortgeschrittene mit riesigen Datenmengen bis zu Petabytes zu tun haben, ist eine besondere Infrastruktur notwendig. Statt sich auf die CPU eines PCs zu verlassen, verwenden fortgeschrittene Studierende typischerweise zur Datenverarbeitung *Distributed Computing* und einen Cloud Provider wie Amazon Web Services (AWS), bekannt als GPU (Graphical Processing Unit).

Ursprünglich fand man GPU Chips auf PC Motherboards und Videokonsolen wie Playstation 2 und Xbox für Spiele. Sie wurden entwickelt, um das Produzieren von Bildern durch Millionen von Pixel zu beschleunigen, deren Frames ununterbrochen neu berechnet werden müssen, um auf dem Display in weniger als einer Sekunde das entsprechende Output zu haben. Ab 2005 wurden GPU Chips in so großer Menge hergestellt, dass der Preis dramatisch gefallen ist und sie zu einer Massenware wurden. Obwohl sie immer noch in der Videogame Industrie sehr populär sind, hat man erst kürzlich richtig verstanden und realisiert, was die Anwendung derartiger Computerchips bei maschinellem Lernen zu leisten imstande ist.

In dem 2016 erschienene Roman *The Inevitable: Understanding the 12 Technological Forces That Will Shape Our Future* hat der Herausgeber des „Wired Magazin", Kevin Kelly, erklärt, dass im Jahr 2009 Andrew Ng und sein Team der Stanford University herausgefunden haben, wie man preisgünstige GPU

Cluster verlinken kann. Ziel ist es, mit neuronalen Netzwerken zu arbeiten, die aus Hunderten von Millionen von *node connections* bestehen.

„Traditionelle Prozessoren brauchten mehrere Wochen, um alle hintereinandergeschalteten Möglichkeiten in einem neuronalen Netz mit hundert Millionen Parametern zu berechnen. Ng fand heraus, dass ein Cluster von GPUs diese Aufgabe innerhalb eines Tages erledigen kann."[5]

Als ein spezieller paralleler Computer Chip können GPU Instanzen viel mehr Gleitkommazahlen-Operationen pro Sekunde durchführen als eine CPU. Das erlaubt viel schnellere Lösungen bei linearer Algebra und Statistiken als mit einer CPU. Es ist wichtig festzustellen, dass C und C++ die bevorzugten Sprachen sind um mathematische Operationen mit der GPU aufzubereiten und durchzuführen. Aber auch Python kann verwendet und in C verwandelt werden, und zwar in Kombination mit TensorFlow von Google.

Fach 3: Fortgeschrittene Algorithmen

Um dieses Kapitel abzurunden sollten wir einen Blick auf das 3. Fach der Werkzeugkiste für Fortgeschrittene werfen, welches die Algorithmen des maschinellen Lernens enthält.

Um große Datensätze zu analysieren und um kompliziertere Aussagen zu voraussagenden Aufgaben zu treffen, arbeiten fortgeschrittene Studierende mit einer Unmenge von Algorithmen einschließlich der Markov Modelle, der Support Vektor Maschinen und des Q-Learnings, wie auch mit Kombinationen von Algorithmen um ein einziges Modell zu erschaffen, bekannt als *ensemble modeling* (das wird genauer in Kapitel 12 untersucht). Vermutlich jedoch werden Sie mit den künstlichen neuronalen Netzwerken arbeiten (vorgestellt in Kapitel 10); diese haben eine eigene Sammlung von fortschrittlichen Bibliotheken für maschinelles Lernen.

Scikit-Lernen bietet eine Bandbreite von populären Algorithmen, doch ist TensorFlow die Bibliothek des maschinellen Lernens und die 1. Wahl für Deep Learning/neuronale Netzwerke. Es unterstützt zahllose fortgeschrittene Techniken einschließlich der automatischen Berechnung für Backpropagation (=Rückpropagierung)/des Gradientverfahrens und wegen der Tiefe der Ressourcen, der Dokumentation und der Aufgaben, die mit TensorFlow erledigt werden können, ist das offensichtlich das Framework, die Rahmenstruktur, die man heute lernen muss.

Bekannte alternative neuronale Netzwerk-Bibliotheken sind u.a. Torch, Caffe und das schnell wachsende Keras. Letzteres ist in Python geschrieben und eine Open Source Deep Learning Bibliothek, die obendrein auf TensorFlow, Theano und anderen Frameworks läuft. Sie erlaubt Anwendern schnelle Versuchsdurchführungen in weniger Codezeilen. Wie eine WordPress Website Thema ist Keras minimal, modular und schnell einzusetzen, aber es ist weniger flexibel verglichen mit TensorFlow und anderen Bibliotheken. Gelegentlich verwenden Anwender Keras, um ihr Modell zu überprüfen, bevor sie zu TensorFlow umschalten um ein präziseres Modell zu bauen.

Caffe ist ebenfalls ein Open Source und wird im Allgemeinen benutzt, um Deep Learning Architekturen für Bilderklassifizierungen und Bildersegmentierung zu entwickeln. Caffe ist in C++ geschrieben, hat aber ein Python Interface, das auch GPU basierte Acceleration unterstützt, indem es Nvidia CuDNN benutzt.

Torch wurde 2002 veröffentlicht und hat sich in den Deep Learning Communities fest etabliert; es ist Open Source und basiert auf der Programmiersprache Lua. Torch bietet eine Vielzahl von Algorithmen für Deep Learning und wird innerhalb von Facebook, Google, Twitter, NYU, IDIAP und Purdue ebenso verwendet wie von anderen Unternehmen und Forschungslaboratorien.[6] Bis vor kurzem war Theano ein weiterer Wettbewerber von TensorFlow, aber seit 2017 gibt es offiziell keine Unterstützung für dieses Framework.

Datenaufbereitung

Ähnlich wie bei vielen Obstsorten benötigen Datensätze fast immer eine Art von vorhergehender Reinigung und menschliche Behandlung, bevor sie „genossen" werden können. Bei maschinellem Lernen und der Datenwissenschaft im weiteren Sinne gibt es eine riesige Zahl von Techniken, um Daten aufzubereiten.

Dieses Aufbereiten, *scrubbing* genannt, ist der technische Prozess, Ihre Datensätze weiter zu entwickeln, um besser damit arbeiten zu können. Das kann manchmal ein Modifizieren sein und manchmal das Entfernen von unvollständigen, falsch formatierten, irrelevanten oder wiederholten Daten. Es kann auch bedeuten, textbasierte Daten in numerische Werte zu ändern oder besondere Features neu zu designen. Für Datenanwender fordert das Aufbereiten der Daten den größten Einsatz an Zeit und Anstrengung.

Auswahl der Features

Um die besten Ergebnisse aus Ihren Daten zu generieren ist es wichtig, zunächst die Variablen zu identifizieren, die für Ihre Hypothese am wichtigsten sind. Praktisch bedeutet das, dass Sie vorsichtig bei der Auswahl der Variablen sein sollten, um Ihr Modell zu entwickeln.

Statt ein 4-dimensionales Diagramm mit vier Merkmalen in dem Modell zu entwickeln gibt es vielleicht die Gelegenheit, zwei sehr relevante Merkmale auszuwählen und ein 2-dimensionales Arbeitsblatt zu entwerfen, das leichter zu interpretieren ist. Denn wenn Sie Merkmale auflisten, die nicht sehr stark mit dem Ergebniswert korrelieren, so kann das tatsächlich bedeuten, dass die Treffsicherheit des Modells manipuliert und sogar behindert werden kann. Betrachten Sie einmal den folgenden Tabellenauszug über aussterbende Sprachen von kaggle.com.

Name in English	Name in Spanish	Countries	Country Code
South Italian	Napolitano-calabres	Italy	ITA
Sicilian	Siciliano	Italy	ITA
Low Saxon	Bajo Sajón	Germany, Denmark, Netherlands, Poland, Russian Federation	DEU, DNK, NLD, POL, RUS
Belarusian	Bielorruso	Belarus, Latvia, Lithuania, Poland, Russian Federation, Ukraine	BRB, LVA, LTU, POL, RUS, UKR
Lombard	Lombardo	Italy, Switzerland	ITA, CHE
Romani	Romaní	Albania, Germany, Austria, Belarus, Bosnia and Herzegovina, Bulgaria, Croatia, Estonia, Finland, France, Greece, Hungary, Italy, Latvia, Lithuania, The former Yugoslav Republic of Macedonia, Netherlands, Poland, Romania, United Kingdom of Great Britain and Northern Ireland, Russian Federation, Slovakia, Slovenia, Switzerland, Czech Republic, Turkey, Ukraine, Serbia, Montenegro	ALB, DEU, AUT, BRB, BIH, BGR, HRV, EST, FIN, FRA, GRC, HUN, ITA, LVA, LTU, MKD, NLD, POL, ROU, GBR, RUS, SVK, SVN, CHE, CZE, TUR, UKR, SRB, MNE
Yiddish	Yiddish	Israel	ISR
Gondi	Gondi	India	IND

Quelle: https://www.kaggle.com/the-guardian/extinct-languages/data

Sagen wir mal, unser Ziel ist es die Variablen zu identifizieren, die uns zu einer Sprache führen, deren Existenz gefährdet ist. Ausgehend von diesem Ziel ist es unwahrscheinlich, dass etwa - „Name in Spanisch" beispielsweise - zu einer irgendwie wichtigen Erkenntnis führt. Deshalb können wir diesen Vektor (Spalte) aus dem Datensatz entfernen. Das wird helfen, Komplikationen und mögliche Ungenauigkeiten zu vermeiden und darüber hinaus die allgemeine Verarbeitungsgeschwindigkeit dieses Modells beschleunigen.

Auch beinhalten die Datensätze doppelte Informationen in Gestalt von separaten Vektoren für „Länder" und „Länder-Abkürzungen". Diese beiden Vektoren zu benutzen führt zu keiner weiteren Erkenntnis; deshalb können wir eine der zwei Spalten löschen.

Eine weitere Methode zur Reduzierung der Anzahl der Merkmale ist es, Mehrfachmerkmale in einem zusammenzufassen. In der nächsten Abbildung haben wir eine Liste von Produkten zusammengefasst, die auf eine E-Commerce Plattform verkauft werden. Der Datensatz besteht aus vier Käufern und acht Produkten. Das ist nun keine große Beispielsammlung von Käufern und Produkten - zum Teil einfach wegen der Begrenzung des Buchformates. Eine wirkliche E-Commerce Plattform müsste mit sehr viel mehr Spalten arbeiten, aber wir wollen uns auf dieses Beispiel beschränken.

	Protein-Shake	Nike Turnschuhe	Adidas Stiefel	Fitbit	Powerade	Proteinriegel	Fitness-Uhr	Vitamine
Käufer1	1	1	0	1	0	5	1	0
Käufer2	0	0	0	0	0	0	0	1
Käufer3	3	0	1	0	5	0	0	0
Käufer4	1	1	0	0	10	1	0	0

Um die Daten wirksamer analysieren zu können, werden wir die Zahl der Spalten reduzieren, indem wir ähnliche Merkmale in weniger Spalten anordnen. Wir können zum Beispiel individuelle Produktbezeichnungen entfernen und die acht Produkte durch eine geringere Anzahl von Kategorien oder Unterkategorien ersetzen. Da alle Produkte unter die einzige Kategorie „Fitness" fallen, werden wir Untergruppierungen bilden und die Anzahl der Spalten von acht auf drei reduzieren. Die drei neu entstandenen Produkt-Unterabteilungen sind: „Gesundes Essen", „Kleidung" und „Digitales".

	Gesundes Essen	Kleidung	Digitales
Käufer1	6	1	2
Käufer2	1	0	0
Käufer3	8	1	0
Käufer4	12	1	0

Das befähigt uns den Datensatz so zu transformieren, dass die Informationen erhalten bleiben und weniger Variable benutzt werden. Nachteilig bei der Transformation allerdings ist, dass wir weniger Informationen über die Beziehungen zwischen den spezifischen Produkten erhalten. Statt Produkte unseren Käufern zu empfehlen, und zwar zusammen mit anderen individuellen Produkten, beruhen die Empfehlungen in diesem Fall auf den Beziehungen zwischen den Untergruppierungen der Produkte.

Nichtsdestoweniger beinhaltet diese Gestaltung einen hohen Grad an Datenrelevanz. Käufern werden gesunde Nahrungsmittel empfohlen, wenn sie andere gesunde Nahrungsmittel einkaufen oder wenn sie Kleidung kaufen (abhängig von dem Grad der Korrelation) und offensichtlich nicht Bücher zu maschinellem Lernen - es sei denn, es stellt sich heraus, dass es da eine starke Korrelation gibt! Aber leider ist diese Variable nicht in diesem Datensatz zu finden.

Denken Sie daran, dass die Reduzierung der Daten auch eine Geschäftsentscheidung ist, und Geschäftsinhaber müssen gemeinsam mit dem Team der Datenspezialisten überlegen, was eine solche Reduzierung mit der Genauigkeit des Modells macht.

Reduzierung der Zeilen

Neben der Auswahl der Merkmale, der Features, gibt es vielleicht eine Gelegenheit, die Anzahl der Zeilen zu verringern und damit auch die Gesamtzahl der Datenpunkte. Das kann bedeuten, dass man zwei oder weitere Zeilen in einer zusammenfasst. Im folgenden Datensatz zum Beispiel kann man „Tiger" und „Löwe" als „Raubtiere" zusammenfassen.

Vorher

Tier	Fleischfresser	Beine	Schwanz	Rennzeit
Tiger	Ja	4	Ja	2:01
Löwe	Ja	4	Ja	2:05
Schildkröte	Nein	4	Nein	55:02

Nachher

Tier	Fleischfresser	Beine	Schwanz	Rennzeit
Raubtiere	Ja	4	Ja	2:03
Schildkröte	Nein	4	Nein	55:02

Bei diesem Vorgehen ist allerdings zu beachten, dass auch die eingegebenen Werte für beide Zeilen angepasst und in einer einzigen Zeile aufgelistet werden. In diesem Fall ist eine Zusammenfassung machbar, da beide Zeilen dieselben Kategoriewerte für alle Merkmale enthalten, ausgenommen y (Laufgeschwindigkeit) - diese könnten verbunden werden. Die Laufgeschwindigkeit des Tigers und des Löwen können zusammengelegt, addiert und dann durch Zwei geteilt werden.

Numerische Werte wie „Zeit" zum Beispiel können normalerweise einfach verbunden werden, es sei denn sie sind kategorisch. Es wäre zum Beispiel unmöglich, ein Tier mit vier Beinen und ein Tier mit zwei Beinen zusammenzufassen! Offensichtlich kann man diese zwei Tiere nicht zusammenlegen und die Zahl Drei als eigene Kategorie für die Anzahl der Beine nehmen.

Eine Zusammenfassung der Zeilen kann auch schwierig zu implementieren sein, wenn man keine numerischen Werte hat. So kann man die Werte „Japan" und „Argentinien" nur sehr schwer integrieren. Die Länder „Japan" und „Südkorea" kann man hingegen gut kombinieren, da sie zum selben Kontinent gehören, „Asien" oder „Ostasien". Wenn wir jedoch „Pakistan" und „Indonesien" in dieselbe Gruppe aufnehmen, bekommen wir vielleicht verdrehte Ergebnisse, da es signifikant kulturelle, religiöse, ökonomische und weitere Unterschiede zwischen diesen vier Ländern gibt.

Zusammengefasst kann es problematisch sein, nicht-numerische und kategorische Werte von Zeilen zusammenzufassen ohne die tatsächlichen Werte der originalen Daten zu verfälschen. Auch ist das Zusammenlegen von Zeilen bei den meisten Datensätzen normalerweise weniger machbar als das von Merkmalen.

One-hot Encoding

Nachdem man sich für Variable und Zeilen entschieden hat, möchten Sie textbasierte Features auswählen, die in Zahlen verwandelt werden können. Abgesehen von vorgegebenen textbasierten Werten wie etwa Richtig/Falsch (die sich automatisch zu „1" bzw. „0" verändern) sind viele Algorithmen und auch Streudiagramme nicht kompatibel mit nicht-numerischen Daten.

Eine Möglichkeit, textbasierte Features in numerische Werte umzuwandeln, ist durch das *one-hot encoding* Verfahren möglich.

Man möchte textbasierte Features in numerische Werte ändern und zwar durch das sogenannte one-hot encoding, was Features in die numerische Form umwandelt, repräsentiert als „1" oder „2" – „Richtig" oder „Falsch". Eine „0", was für „Falsch" steht, bedeutet, dass das Feature nicht zu der speziellen Kategorie gehört, wohingegen eine „1" – „Richtig" oder „hot" bedeutet, dass das Merkmal zu einer vorgegebenen Kategorie passt.

Unten stehend finden Sie einen weiteren Auszug aus einem Datensatz bezüglich aussterbender Sprachen, den wir benutzen können, um dieses *one-hot encoding* Verfahren zu üben.

Name in English	Speakers	Degree of Endangerment
South Italian	7500000	Vulnerable
Sicilian	5000000	Vulnerable
Low Saxon	4800000	Vulnerable
Belarusian	4000000	Vulnerable
Lombard	3500000	Definitely endangered
Romani	3500000	Definitely endangered
Yiddish	3000000	Definitely endangered
Gondi	2713790	Vulnerable
Picard	700000	Severely endangered

Zunächst fällt Ihnen vielleicht auf, dass in der Spalte „Anzahl der Sprecher" (=Speakers) keine Kommas oder Leerstellen vorhanden sind, wie z.B. bei 7.500.000 oder 7 500 000. Auch wenn diese Formatierung von großen Zahlen diese leichter lesbar macht, benötigen Programmiersprachen solche Hilfen nicht. Tatsächlich jedoch kann ein solches Formatieren der Zahlen zu einer invaliden Syntax führen oder ein unerwünschtes Ergebnis hervorrufen, je nach verwendeter Programmiersprache. Man sollte also daran denken, beim Programmieren auf diese Art von Formatierungen zu verzichten. Wenn man jedoch die Daten auf der nächsten Stufe visualisieren möchte, kann man natürlich Leerzeichen oder Kommas hinzufügen, um diese für die Zuhörerschaft leichter verständlich zu machen!

In der rechten Spalte der Tabelle finden Sie einen Vektor, der den Grad der Gefahr von neun verschiedenen Sprachen kategorisiert. Wir wollen den Inhalt dieser Spalte durch die Anwendung der *one-hot encoding* Methode in numerische Werte verändern; das zeigt die folgende Tabelle.

Name in English	Speakers	Vulnerable	Definitely Endangered	Severely Endangered
South Italian	7500000	1	0	0
Sicilian	5000000	1	0	0
Low Saxon	4800000	1	0	0
Belarusian	4000000	1	0	0
Lombard	3500000	0	1	0
Romani	3500000	0	1	0
Yiddish	3000000	0	1	0
Gondi	2713790	1	0	0
Picard	700000	0	0	1

Beim Einsatz von *one-hot encoding* finden wir nun fünf Spalten und wir haben drei neue Merkmale aus dem originalen „Degree of Endangerment" geschaffen. Wir haben jeden Spaltenwert auf „1" oder „0" gesetzt, entsprechend dem ursprünglichen Kategorie-Wert.

Somit ist es nun möglich, die Daten in unser Modell einzufügen und dabei aus einem größeren Feld von Algorithmen des maschinellen Lernens zu wählen. Der Nachteil ist, dass wir mehrere Merkmale der Datensätze haben, was zu einer geringfügig längeren Verarbeitungsdauer führen kann. Das ist jedoch zu tolerieren, aber es kann für Datensätze problematisch sein, bei denen die ursprünglichen Features in eine größere Zahl von neuen Features aufgeteilt werden.

Eine Möglichkeit die Zahl von Merkmalen zu minimieren liegt darin, die binären Fälle auf eine einzige Spalte zu beschränken. Beispielsweise gibt es einen Speed Dating Datensatz bei kaggle.com, der unter Einsatz der *one-hot encoding* Methode das „Geschlecht" in einer einzigen Spalte darstellt. Statt zwei Spalten für „männlich" und „weiblich" einzurichten, werden diese beiden Merkmale in einer dargestellt. Entsprechend dem Schlüssel des Datensatzes wird „weiblich" als „0" dargestellt und „männlich" als „1". Der für diesen Datensatz Verantwortliche benutzte diese Technik auch für die Kategorien „Same Race" und „Match".

Subject Number ID	Gender	Same Race	Age	Match
1	0	0	27	0
1	0	0	22	0
1	0	1	22	1
1	0	0	23	1
1	0	0	24	1
1	0	0	25	0
1	0	0	30	0

Gender:

Female = 0

Male = 1

Same Race:

No = 0

Yes = 1

Match:

No = 0

Yes = 1

Quelle: https://www.kaggle.com/annavictoria/speed-dating-experiment/data

Binning

Binning ist eine weitere Methode des *feature engineering*, um numerische Werte in eine Kategorie zu verwandeln.

Aber, stopp! Haben wir nicht gesagt, dass numerische Werte gut sind? Ja, numerische Werte werden in den meisten Fällen tatsächlich bevorzugt. Wenn aber numerische Werte weniger ideal sind, betrifft das Situationen, bei denen sie verschiedene Variationen auflisten, die dem Ziel Ihrer Analyse nicht förderlich sind. Nehmen wir einmal die Auswertung der Immobilienpreise als ein Beispiel. Wenn es darum geht, Immobilienpreise zu evaluieren, dann spielen wohl die genauen Maße eines Tennisplatzes keine so große Rolle. Die relevante Information ist vielmehr, ob zu dem Haus ein Tennisplatz gehört. Die gleiche Logik trifft wahrscheinlich auf eine Garage und einen Swimmingpool zu, wo die Existenz oder Nichtexistenz dieser Variablen von größerer Bedeutung sind als die spezifischen Maße.

Als Lösung bietet sich hier an, die numerischen Angaben eines Tennisplatzes mit einem richtig/falsch Merkmal oder einen Kategoriewert wie klein, mittel oder groß zu bezeichnen. Eine weitere Alternative würde es sein, mit *one-hot encoding* zu arbeiten, wobei eine „0" für Häuser steht, die keinen Tennisplatz haben und eine „1", wenn ein solcher Platz vorhanden ist.

Fehlende Daten

Mit fehlenden Daten zu tun zu haben ist immer schlecht. Stellen Sie sich vor, Sie packen ein Puzzle aus und entdecken, dass 5% der Teile fehlen. Fehlende Werte in einem Datensatz können ebenso frustrierend sein und werden natürlich letztlich Ihre Analyse und die schlussendlichen Voraussagen stören. Es gibt jedoch Strategien um die negative Auswirkung von fehlenden Daten zu minimieren.

Eine Möglichkeit ist es, sich fehlenden Werten zu nähern, indem man einen *mode value* annimmt. *Mode* steht für den einzelnen der am meisten verwendeten Variablenwerte im Datensatz. Das funktioniert am besten mit Variablen der kategorischen und binären Art.

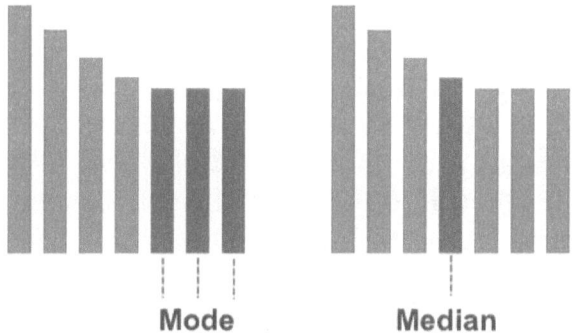

Abbildung 11: Ein visuelles Beispiel von *mode* bzw. median

Eine zweite Möglichkeit mit fehlenden Daten umzugehen, ist der *median* Wert, der mit dem Wert bzw. den Werten arbeitet, die in der Mitte des Datensatzes vorhanden sind. Das funktioniert am besten mit ganzen Zahlen und mit kontinuierlichen Variablen (Dezimalzahlen).

Als letzte Möglichkeit kann man natürlich Zeilen mit fehlenden Werten komplett entfernen. Der offensichtliche Nachteil dabei ist, dass man weniger Daten zur Analyse hat und möglicherweise weniger Ergebnisse.

6

Vorbereitung Ihrer Daten

Wenn Sie einmal Ihren Datensatz gesäubert haben, ist der zweite Schritt, die Daten in zwei Segmente zum Testen und zum Training aufzuteilen. Sehr wichtig, dass Sie Ihr Modell nicht mit denselben Daten testen, die Sie für das Training benutzt haben. Das Verhältnis der zwei Datenarten sollte ungefähr 70 zu 30 oder 80 zu 20 sein. Das bedeutet, dass Ihre Trainingsdaten 70-80% der Zeilen in Ihrem Datensatz ausmachen sollten und die anderen 20-30% der Zeilen Ihre Testdaten sind. Es ist entscheidend, dass Sie Ihre Daten in Zeilen und nicht in Spalten aufteilen.

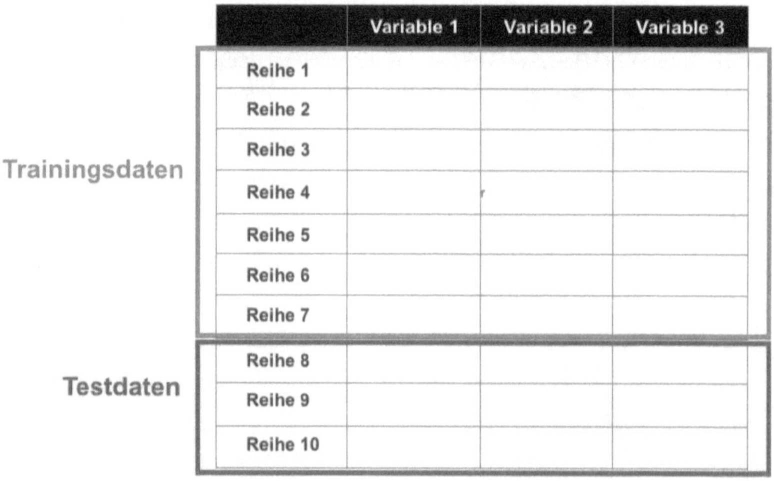

		Variable 1	Variable 2	Variable 3
Trainingsdaten	Reihe 1			
	Reihe 2			
	Reihe 3			
	Reihe 4			
	Reihe 5			
	Reihe 6			
	Reihe 7			
Testdaten	Reihe 8			
	Reihe 9			
	Reihe 10			

Abbildung 12: Trainings- und Testdatenaufteilung des Datensatzes im Verhältnis 70 zu 30

Bevor Sie Ihre Daten aufteilen, ist es wichtig, dass Sie alle Zeilen des Datensatzes randomisieren. Das hilft, eine Tendenz in Ihrem Modell zu vermeiden, da Ihr originaler Datensatz sequenziell arrangiert sein könnte, abhängig von der Zeit, als er gesammelt wurde oder aufgrund eines anderen Faktors. Wenn Sie Ihre Daten nicht umrechnen, kann es passieren, dass sie zufällig eine bedeutsame Variante aus den Trainingsdaten vergessen, was zu unerwünschter Überraschung führen kann, wenn Sie die Daten des Trainingsmodells auf Ihre Testdaten anwenden. Glücklicherweise weist das Scikit-Lernen eine eingebaute Funktion auf, um Ihre Daten zu mischen und zufällig anzuordnen, und das nur mit einer einzigen Code-Zeile (Vgl. Kapitel 13).

Nachdem Sie Ihre Daten erfasst haben, können Sie anfangen, Ihr Modell zu entwerfen und mit Ihren Trainingsdaten zu verbinden. Die verbliebenen etwa 30% der Daten lassen Sie erst einmal beiseite; sie werden später verwendet, um die Genauigkeit des Modells zu testen.

Bei dem überwachten Lernen wird das Modell entwickelt, indem man die Trainingsdaten in die Maschine, d.h. den Computer, eingibt und ein bestimmtes Output erwartet (y). Die Maschine ist imstande Beziehungen zwischen den Merkmalen (X), die in den Trainingsdaten gefunden werden, zu analysieren und zu erkennen, um das finale Output (y) zu berechnen.

Im nächsten Schritt wird gemessen, wie gut das Modell tatsächlich funktioniert. Ein allgemeiner Zugang um die Voraussage-Genauigkeit zu analysieren ist eine Messvorgang, genannt *mean absolute error,* der jede Voraussage in diesem Modell überprüft und einen mittleren durchschnittlichen Fehlerstand für jede Voraussage angibt.

Beim Scikit-Lernen findet man diesen *mean absolute error*, indem man die *model. predict function on X* - Voraussage-Funktion des Modells für X (Features) -anwendet. Das funktioniert so, dass man zunächst einmal die y-Werte aus dem Trainingsdatensatz eingibt und eine Voraussage für jede Zeile des Datensatzes generiert. Scikit-Lernen wird diese Voraussagen des Modells mit dem korrekten Ergebnis vergleichen und dessen Genauigkeit messen.

Sie werden wissen, ob Ihr Modell richtig ist, wenn die Fehlerrate zwischen den Trainings- und Testdatensätzen niedrig ist. Das bedeutet, dass das Modell die den Datensätzen zu Grunde liegenden Muster und Trends gelernt hat. Wenn das Modell dann die Werte der Testdaten entsprechend voraussagen kann, ist es bereit, in der Praxis eingesetzt zu werden. Wenn das Modell allerdings dabei versagt, die Werte aufgrund der Testdaten vorauszusagen, müssen Sie überprüfen, ob die Trainings- und Testdaten richtig gemischt worden sind. Alternativ müssen Sie vielleicht auch die Hyperparameter des Modells ändern.

Jeder Algorithmus verfügt über Hyperparameter; das sind Ihre Algorithmen-Einstellungen, die, einfach ausgedrückt, die Einstellungen kontrollieren und beeinflussen, wie schnell das Modell die Muster lernt und welche Muster es zu analysieren gilt.

Kreuzvalidierungsverfahren

Obwohl die Aufteilung der Trainings- und Testdaten effektiv sein kann, wenn man Modelle aus existierenden Daten entwickeln will, so bleibt doch ein Fragezeichen, ob dieses Modell auch bei neuen Daten funktioniert. Wenn Ihr existierender Datensatz zu klein ist, um ein genaues Modell zu konstruieren, oder wenn die Aufteilung zwischen Trainings-und Testdaten nicht angemessen ist, so kann dies zu unzutreffenden Vermutungen hinsichtlich der Durchführung in der Praxis führen.

Glücklicherweise gibt es für diese Situation ein effektives Werkzeug. Statt die Daten in zwei Segmente aufzuteilen (eines für Training und eines zum Testen), können wir das sogenannte Kreuzvalidierungsverfahren einsetzen. Es maximiert die Verfügbarkeit von Trainingsdaten, indem die Daten unterschiedlich aufgeteilt werden und indem jede einzelne spezifische Zusammenstellung getestet wird.

Das Kreuzvalidierungsverfahren kann vor allem auf zwei unterschiedliche Arten durchgeführt werden. Die erste Methode ist die sogenannte *exhaustive cross validation,* die alle Ergebnisse und Testverfahren aller möglichen Kombinationen durchführt, um die originalen Beispiele in einen Trainingssatz und in einen Testsatz aufzuteilen.

Die alternative und häufig eingesetzte Methode ist die sogenannte *non-exhaustive cross validation,* bekannt auch als *k-fold validation.* Bei dieser Technik werden die Daten aufgeteilt und in „Körbe" abgelegt, die mit *k* bezeichnet werden. Einer dieser „Körbe" wird dazu verwendet, das Trainingsmodell bei jeder Runde zu testen.

Zur Durchführung dieses Testverfahrens werden die Daten zunächst randomisiert und in die mit *k* bezeichneten, gleichgroßen „Körbe" abgelegt. Einer dieser „Körbe" wird als „Testkorb" reserviert und dazu benutzt, um die Performance der verbliebenen „Körbe" (*k-1*) zu messen und zu evaluieren.

Abbildung 13: *k*-fold validation

Das Vorgehen bei dem Kreuzvalidierungsverfahren wird *k*-mal wiederholt („folds"). Jedes Mal wird ein „Korb" für das

Trainingsmodell reserviert, generiert durch die anderen „Körbe". Dieser Prozess wird wiederholt, bis alle „Körbe" sowohl als „Trainings-" wie auch als „Testkorb" eingesetzt wurden. Dann werden die Ergebnisse zusammengefasst und kombiniert, um ein einzelnes Modell zu bilden.

Indem man alle verfügbaren Daten für Trainings-und Testzwecke verwendet hat, vermindert diese *k-fold validation* Technik dramatisch mögliche Fehler (z.B. Overfitting, d.h. ein Modell mit zu vielen erklärenden Variablen einzusetzen), die entstehen, wenn man sich auf eine festgelegte Aufteilung von Trainings- und Testdaten verlässt.

Wie viele Daten brauche ich?

Eine allgemeine Frage für Studierende, die mit maschinellem Lernen beginnen, ist die Frage danach, wie viele Daten sie für ihren Datensatz brauche. Generell gesprochen funktioniert maschinelles Lernen am besten, wenn Ihre Trainingsdatensätze eine große Bandbreite von Merkmalkombinationen enthalten.

Wie sieht nun eine solche Bandbreite von Merkmalskombinationen aus? Stellen Sie sich vor, wir haben einen Datensatz über Daten-Wissenschaftler, kategorisiert durch die folgenden Merkmale:

- Universitätsabschluss (X)
- mehr als 5 Jahre Berufserfahrung Erfahrung (X)
- Kinder (X)
- Gehalt (y)

Um abschätzen zu können, welche Beziehung die ersten drei Merkmale (X) zu dem Gehalt (y) der Wissenschaftler haben, brauchen wir einen Datensatz, der den y- Wert für jede Kombination der Merkmale beinhaltet. Beispielsweise müssen wir das Gehalt von Datenspezialisten mit Universitätsabschluss kennen, mit 5-jähriger beruflicher Erfahrung und ohne Kinder, aber auch das von Daten-

Wissenschaftlern mit einem Universitätsabschluss, 5-jähriger Berufserfahrung und eigenen Kindern.

Je mehr verfügbare Kombinationen wir haben, desto effektiver wird das Modell sein, wenn es darum geht festzustellen, inwiefern jedes Attribut den y-Wert (=das Gehalt der Daten-Wissenschaftler) beeinflusst. Wird das Modell dann in der Praxis angewendet, entweder als Testdaten oder als Daten aus dem wirklichen Leben, wird es nicht sofort beim Auftreten von unbekannten Kombinationen scheitern.

Als Minimum sollte das Modell eines maschinellen Lernens typischerweise zehnmal so viele Datenpunkte aufweisen wie die Gesamtzahl der Merkmale. Hat man also einen kleinen Datensatz mit drei Merkmalen, sollten die Trainingsdaten idealerweise mindestens 30 Spalten haben. Außerdem muss man daran denken, dass es in der Regel besser ist, mehr relevante Daten zu haben als wenige. Hat man mehr relevante Daten erlaubt das, mehrere Kombinationen abzudecken und hilft in der Regel sicherzustellen, dass man mehr genaue Vorhersagen treffen kann. In Einzelfällen ist es vielleicht nicht möglich oder nicht kostengünstig, für jede mögliche Kombination Daten zu finden. In diesen Fällen muss man halt mit den Daten auskommen, die zur Verfügung stehen.

Das folgende Kapitel wird sich mit spezifischen Algorithmen beschäftigen, die üblicherweise bei maschinellem Lernen eingesetzt werden. Bitte bedenken Sie, dass ich einige Gleichungen verwende, einfach weil sie notwendig sind, aber ich habe sie so einfach möglich eingesetzt. Viele der Techniken des maschinellen Lernens, die wir in diesem Buch besprechen, verfügen bereits über funktionierende Implementationen in der Programmiersprache Ihrer Wahl - da braucht man keine Gleichungen.

Regressionsanalyse

In der Welt der Algorithmen für maschinelles Lernen ist die Regressionsanalyse eine einfache Technik des überwachten Lernens um herauszufinden, welche Möglichkeit zur Beschreibung eines Datensatzes am geeignetsten ist.

Die erste Regressionsanalyse-Technik die wir untersuchen, ist die lineare Regression; sie beruht auf einer geraden Linie zur Beschreibung eines Datensatzes. Um diese einfache Technik aufzuzeigen, wollen wir zu einer bereits früher benutzten Abbildung der Bitcoin-Werte im Verhältnis zum Dollar zurückkehren.

Datum	Bitcoin-Preis	Tage
19-05-2015	243,31	1
14-01-2016	431,76	240
09-07-2016	652,14	417
15-01-2017	817,26	607
24-05-2017	2358,96	736

Stellen Sie sich vor, Sie sind im Gymnasium und es ist das Jahr 2015 (das liegt vermutlich noch viel kürzer zurück als das tatsächliche Jahr Ihres Schulabschlusses). Während des letzten Jahres werden Sie durch eine Nachrichtenmeldung auf Bitcoin aufmerksam. Mit Ihrer natürlichen Neugier und Interesse an mögliche Quellen der Begierde zu kommen, informieren Sie Ihre Familie über Ihr Vorhaben bezüglich der Kryptowährung. Bevor Sie aber die Möglichkeit haben für den ersten Bitcoin zu bieten, meldet Ihr Vater Protest an und besteht darauf, dass Sie mit

„Spielgeld" handeln, bevor Sie an Ihre Lebensversicherung gehen. Handeln mit „Spielgeld" meint hier, ein Investment zu kaufen und zu verkaufen, aber ohne real(es) Geld zu investieren.

Sie verfolgen also über die nächsten zwei Jahre den Wert von Bitcoin und notieren sich diesen regelmäßig. Sie führen auch Buch darüber, wie viele Tage vergangen sind, seit dem Sie Ihren „Spielgeld-Handel" begonnen haben. Dabei hatten Sie niemals vor, sich mit diesem – theoretischen - „Handel" zwei Jahre zu beschäftigen. Aber leider hatten Sie niemals die Gelegenheit, in diesen Markt der Kryptowährung tatsächlich einzutreten. Wie von Ihrem Vater vorgeschlagen, warteten Sie darauf, dass der Bitcoin auf ein Level fiel, den Sie sich leisten konnten. Stattdessen explodierte der Wert des Bitcoin in die andere Richtung. Nichtsdestoweniger jedoch haben Sie Ihre Hoffnung nicht aufgegeben, eines Tages Bitcoin zu besitzen. Um zu einer Entscheidung zu gelangen, ob es besser ist darauf zu warten, dass der Bitcoin sinkt oder ob Sie sich nach einem anderen Investment umschauen sollten, wenden Sie sich der statistischen Analyse zu. Zunächst greifen Sie in Ihre Werkzeugkiste für ein Streudiagramm. Mit dem leeren Blatt in der Hand beginnen Sie, die X- und Y- Koordinaten Ihres Datensatzes einzusetzen und die Werte des Bitcoin von 2015 bis 2017. Anstatt jedoch alle drei Spalten der Tabelle zu verwenden, wählen Sie nur die zweite (Preis des Bitcoin) und die dritte (Anzahl der vergangenen Tage), um Ihr Modell zu konstruieren und das Arbeitsblatt zu füllen (Vgl. Abbildung 14). Wie wir wissen, sind numerische Werte (in der zweiten und dritten Spalte) leicht in das Blatt einzutragen und benötigen keine speziellen Umwandlungen oder gar ein *one-hot encoding*. Darüber hinaus enthalten die ersten und dritten Spalten die gleiche Variable „Zeit", lediglich die dritte Spalte ist notwendig.

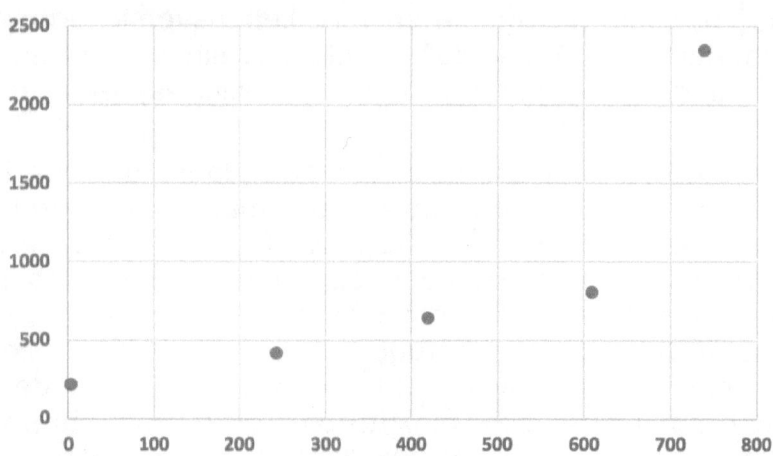
Abbildung 14: Bitcoin Werte von 2015 bis 2017, dargestellt auf einem Streudiagramm/Datenblatt

Da Ihr Ziel ist, herauszufinden, welchen Wert die Bitcoin in der Zukunft haben werden, zeigt die y-Achse die abhängige Variable, nämlich den Bitcoin-Preis. Die unabhängige Variable (X) in diesem Fall ist die Zeit. Die Anzahl der Tage werden deshalb auf der X-Achse dargestellt.

Nachdem die X- und y-Werte auf dem Datenblatt notiert sind, kann man unmittelbar eine Kurve ablesen, die von links nach rechts mit einer großen Steigerung zwischen dem Tag 607 und dem Tag 736 verläuft. Sieht man sich diesen Aufwärtstrend an scheint es wohl in der Zeit, die Hoffnung auf ein Sinken des Wertes zu begraben.

Jedoch, plötzlich haben Sie eine Idee. Was wäre, statt auf einen Wertverlust des Bitcoin zu warten bis zu dem Punkt, an dem man ihn sich leisten kann, sich das Geld von einem Freund zu leihen und Bitcoin jetzt am Tag 736 zu kaufen? Wenn der Wert des Bitcoin weiterhin steigen würde, könnte man es dem Freund zurückzahlen und von dem weiteren Wertezuwachs des Bitcoin ganz allein profitieren.

Um herauszufinden, ob es sinnvoll ist, das Geld von einem Freund zu borgen, müsste man erst einmal vermuten, wie hoch der potentielle Profit wäre. Dann muss man berechnen, ob der Gewinn ausreicht, seinem Freund kurzfristig das geliehene Geld zurückzuzahlen.

Jetzt ist es Zeit, in dem dritten Fach der Werkzeugkiste nach einem Algorithmus zu suchen. Einer der einfachsten Algorithmen bei maschinellem Lernen ist die Regressionsanalyse, die man benutzt, um die Stärke der Beziehung zwischen Variablen zu bestimmen.

Die Regressionsanalyse gibt es in unterschiedlicher Form, einschließlich der linearen, nichtlinearen, logistischen und multilinearen Form; schauen wir uns zunächst die lineare Form an. Lineare Regression besteht aus einer geraden Linie, die Ihre Datenpunkte auf einem Diagramm aufteilt. Das Ziel einer linearen Regression ist es, die Daten in einer Weise aufzugliedern, die die Entfernung zwischen der Regressionslinie und allen Datenpunkten auf der Abbildung minimiert. Das bedeutet, wenn ich eine rechtwinklige Linie (eine gerade Linie im Winkel von 90°) von der Regressionslinie zu jedem Datenpunkt auf der Abbildung ziehe, dann entspricht die gesamte Entfernung jedes Punktes der kleinstmöglichen Entfernung zu der Regressionslinie.

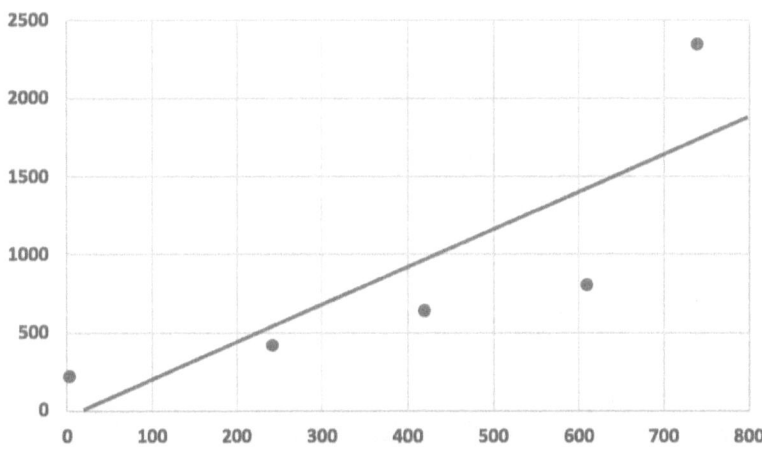

Abbildung 15: Lineare Regressionslinie

Die Regressionslinie ist in Abbildung 15 eingetragen. Der technische Ausdruck für die Regressionslinie ist *Hyperebene*. Diesem Ausdruck begegnet man immer wieder während des Studiums von maschinellem Lernen.

Eine Hyperebene ist praktisch eine Trendlinie - und genauso benennt Google Sheets die lineare Regression in dem Menü für das Streudiagramm.

Ein anderes wichtiges Merkmal bei der Regression ist *slope*. Der lässt sich normalerweise bequem durch die Referenz auf die Hyperebene berechnen. Wenn sich eine Variable vergrößert, dann wird die andere Variable sich in einem Maß vergrößern, der dem Durchschnittswert entspricht, angezeigt durch die Hyperebene. Beispielsweise, wenn Sie also den Wert von Bitcoin in 800 Tagen festlegen wollen, können Sie 800 als Ihre X-Koordinate eingeben und den *slope* ermitteln, indem Sie den entsprechenden y-Wert finden, der auf der Hyperebene abgebildet ist. In diesem Fall ist der y-Wert $1850.

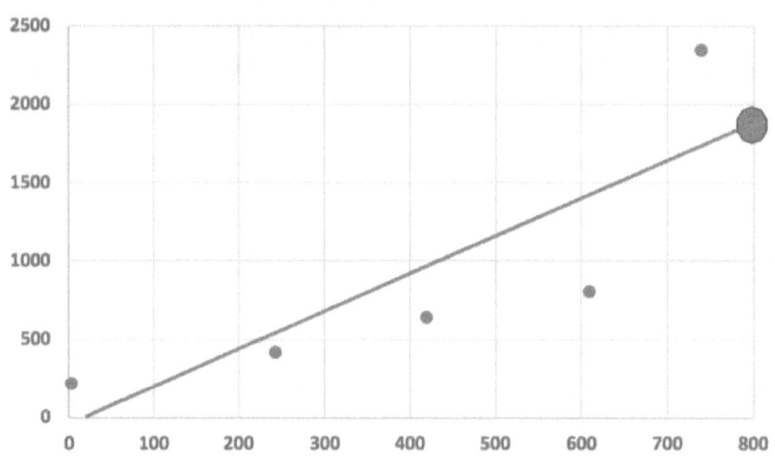

Abbildung 16: Der Wert des Bitcoin am Tage 800

Wie aus Abbildung 16 zu entnehmen ist, zeigt die Hyperebene, dass Sie am Tag 800 offensichtlich Geld bei Ihrem Investment verlieren (wenn Sie Bitcoin am Tag 736 gekauft haben)! Basierend auf dem *slope* der Hyperebene geht man davon aus, dass Bitcoin zwischen dem Tag 736 und dem Tag 800 im Wert sinken - obgleich es keinen Hinweis in Ihrem Datensatz gibt, dass die Bitcoin überhaupt einmal im Wert verlieren.

Man braucht nicht zu erwähnen, dass die lineare Regression nicht gegen Irrtümern gefeit ist wenn es darum geht, Investmenttrends herauszusuchen, doch funktioniert die Trendlinie als ein Referenzpunkt zur Vorhersage. Hätten wir die Trendlinie zu einem früheren Zeitpunkt als Referenzpunkt gewählt, sagen wir mal am Tage 240, wäre die vorausgesagte Entwicklung genauer gewesen. Am Tage 240 gibt es eine geringe Abweichung von der Hyperebene, während es am Tage 736 eine sehr hohe Abweichung gibt. Die Abweichung bezieht sich auf die Entfernung zwischen der Hyperebene und dem Datenpunkt.

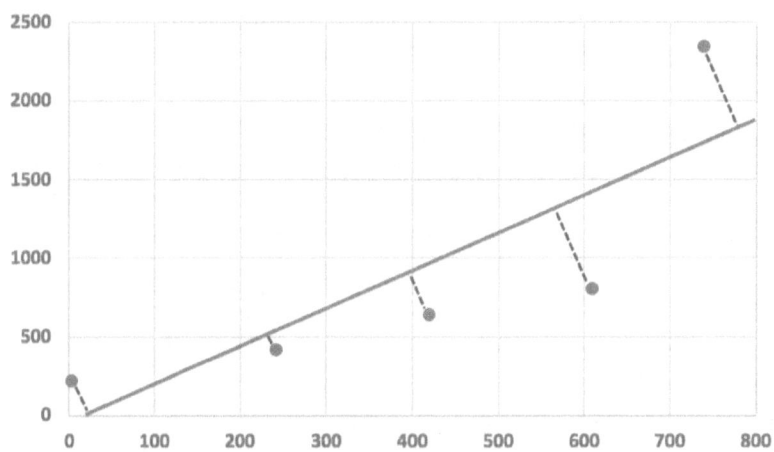

Abbildung 17: Die Entfernung der Datenpunkte zu der Hyperebene (Trendlinie)

Allgemein gesprochen gilt, je näher die Datenpunkte an der Regressionslinie liegen, desto genauer ist die letztendliche Voraussage. Wenn es eine hohe Abweichung zwischen den Datenpunkten zu der Hyperebene gibt, dann wird der *slope* weniger genaue Voraussagen erlauben. Wenn Sie Ihre Voraussagen auf den Datenpunkt auf den Tag 736 stützen, der eine hohe Abweichung zeigt, wird das Ergebnis eher eine geringe Genauigkeit aufweisen. Tatsächlich zeigt der Datenpunkt am Tag 736 eine Ausnahme, da er nicht dem gleichen generellen Trend wie den vorhergehenden vier Datenpunkten folgt. Darüber hinaus verfälscht ein solcher

Sonderfall die Kurve einer Hyperebene, die auf seinem hohen Wert der y-Achse beruht. Wenn nicht zukünftige Datenpunkte maßstabgetreu im Verhältnis zu den Werten bzw. dem Datenpunkt der y-Achse des Sonderfalls stehen, wird die genaue Vorhersagekraft dieses Modells leiden.

Ein Berechnungsbeispiel

Auch wenn Ihre Programmiersprache das automatisch berücksichtigt, ist es doch sinnvoll zu verstehen, wie eine lineare Regression tatsächlich berechnet wird. Wir wollen den folgenden Datensatz und die entsprechende Formel nehmen, um eine lineare Regression durchzuführen.

	(X)	(Y)	XY	X^2
1	1	3	3	1
2	2	4	8	4
3	1	2	2	1
4	4	7	28	16
5	3	5	15	9
Σ (Total)	11	21	56	31

Die letzten beiden Spalten der Tabelle sind nicht Teil des originalen Datensatzes und wurden hinzugefügt, um die folgenden Gleichungen leichter vervollständigen zu können.

$$a = \frac{(\Sigma y)(\Sigma x^2) - (\Sigma x)(\Sigma xy)}{n(\Sigma x^2) - (\Sigma x)^2}$$

$$b = \frac{n(\Sigma xy) - (\Sigma x)(\Sigma y)}{n(\Sigma x^2) - (\Sigma x)^2}$$

Σ = Gesamtsumme
Σx = Gesamtsumme aller x - Werte (1 + 2 + 1 + 4 + 3 = 11)
Σy = Gesamtsumme aller y - Werte (3 + 4 + 2 + 7 + 5 = 21)
Σxy = Gesamtsumme von x*y für jede Spalte (3 + 8 + 2 + 28 + 15 = 56)
Σx² = Gesamtsumme von x*x für jede Zeile (1 + 4 + 1 + 16 + 9 = 31)
n = Anzahl der Zeilen. In diesem Beispiel n = 5.

$$a = \frac{(\Sigma y)(\Sigma x^2) - (\Sigma x)(\Sigma xy)}{n(\Sigma x^2) - (\Sigma x)^2} \qquad a = \frac{(21)(31) - (11)(56)}{5(31) - (11)^2}$$

$$b = \frac{n(\Sigma xy) - (\Sigma x)(\Sigma y)}{n(\Sigma x^2) - (\Sigma x)^2} \qquad b = \frac{5(56) - (11)(21)}{5(31) - (11)^2}$$

A =
((21 x 31) − (11 x 56)) / (5(31) − 11²)
(651 − 616) / (155 − 121)
35 / 34
1.029

B =
(5(56) − (11 x 21)) / (5(31) − 11²)
(280 − 231) / (155 − 121)
49 / 34

1.44

Setzen Sie die Werte von „a" und „b" in eine lineare Gleichung.

y = bx + a
y = 1.441x + 1.029

Die lineare Gleichung y = 1.441x + 1.029 zeigt, wie die Hyperebene eingetragen werden muss.

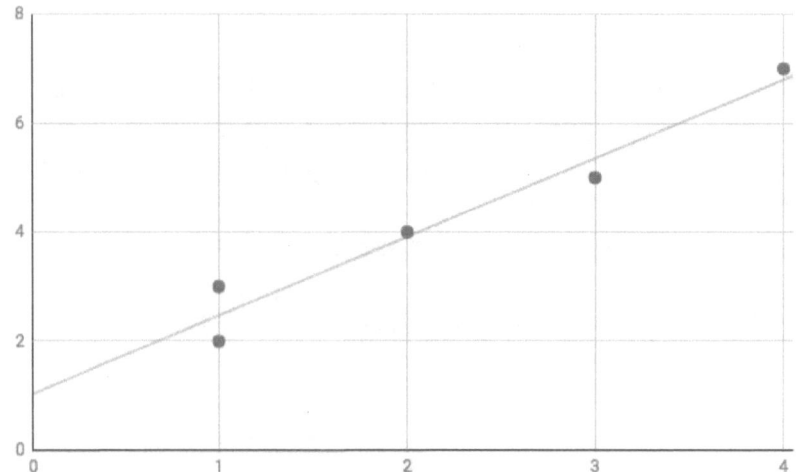

Abbildung 18: Die lineare Regressions-Hyperebene, eingetragen auf dem Streudiagramm

Die logistische Regression

Ein großer Teil der Datenanalyse lässt sich auf die einfache Frage reduzieren: Ist etwas „A" oder „B"? Ist es „positiv" oder „negativ"? Ist diese Person ein „potentieller Kunde" oder „kein potentieller Kunde"? Maschinelles Lernen verwendet solche Fragestellung durch logistische Gleichungen und insbesondere durch das, was man die Sigmoid Funktion (S-Funktion) nennt. Diese führt zu einer S-förmigen Kurve, die jede Zahl und Darstellung konvertieren und in einen numerischen Wert zwischen 0 und 1 einordnen kann; aber das geschieht, ohne dass jemals diese exakten Begrenzungen erreicht werden.

Eine allgemeine Anwendung dieser S-Funktion findet man in der logistischen Regression. Logistische Regression adoptiert die S-Funktion, um Daten zu analysieren und unterschiedliche Arten vorauszusagen, die es in einem Datensatz gibt. Obwohl logistische Regression optisch einer linearen Regression ähnlich zu sein scheint, ist es - technisch gesprochen - eine Technik zur Klassifikation. Während sich eine lineare Regression mit numerischen Gleichungen beschäftigt und numerische Voraussagen trifft, um die Beziehung zwischen Variablen zu erkennen, sagt eine logistische Regression unterschiedliche Klassen voraus.

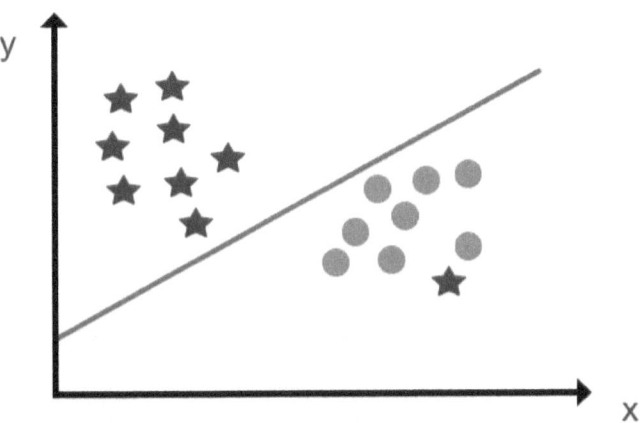

Abbildung 19: Ein Beispiel für eine logistische Regression

Eine logistische Regression wird typischerweise bei einer binären Klassifikation verwendet, um zwei unterschiedliche Klassen vorauszusagen, z. B. „schwanger" oder „nicht schwanger". Um das zu ermöglichen, wird die S-Funktion (wie unten gezeigt) hinzugefügt, um die Ergebnisse zu berechnen und numerische Ergebnisse in eine Wahrscheinlichkeits-Aussage zwischen 0 und 1 umzuwandeln.

$$y = \frac{1}{1+e^{-x}}$$

Die obige logistsche Sigmoid Funktion bedeutet „1"geteilt durch „1"plus „e hoch-x", wobei

x = der numerische Wert ist, den Sie umformen möchten, und

e = Eulers Konstante 2.718

In einer binären Darstellung sagt ein Wert von „0" aus, dass es keine Chance gibt, dass es jemals eintritt, während „1" eine gewisse Chance der Realisierung repräsentiert. Der Grad der Wahrscheinlichkeit für Werte zwischen 0 und 1 kann berechnet werden, und zwar je nachdem, wie nahe sie bei 0 (unmöglich) oder bei 1 (eine gewisse Möglichkeit) auf dem Diagramm liegen.

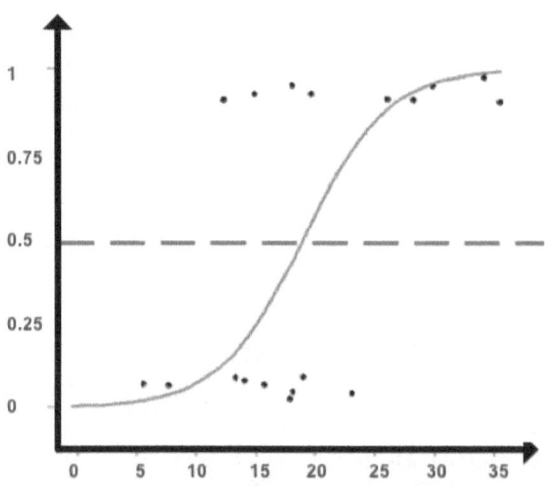

Abbildung 20: Eine Sigmoid Funktion um Datenpunkte zu klassifizieren

Basierend auf den herausgefunden Wahrscheinlichkeiten können wir jeden Datenpunkt einer der beiden unterschiedlichen Klassen zuordnen. Wie in Abbildung 20 gezeigt, können wir bei 0,5 eine Linie ziehen, um die

Datenpunkte in Klassen zu klassifizieren. Datenpunkte mit einem Wert über 0,5 werden als Klasse A klassifiziert und alle Datenpunkte unter 0,5 als Klasse B. Sollten Datenpunkte exakt 0,5 haben, sind sie nicht zuzuordnen, aber solche Fälle sind wegen der mathematischen Komponente der S-Funktion selten.

Bitte denken Sie daran, dass diese Formel für sich genommen nicht die Hyperebene schafft, die dann unterschiedliche Kategorien, wie in Abbildung 19 gezeigt, aufteilt. Die statistische Formel für eine logistische Hyperebene ist etwas komplizierter und kann bequem eingetragen werden, wenn Sie Ihre Programmiersprache verwenden.

Wenn man aber an die Stärke in der binären Klassifikation denkt, so wird die logistische Regression in vielen Bereichen eingesetzt, etwa bei der Aufdeckung eines Betrugs, einer Krankheitsdiagnose, dem Aufspüren eines Notfalls, eines Darlehensbetruges oder wenn es darum geht, eine Spam E-Mail aufzudecken, dass spezifische Klassen identifiziert werden zum Beispiel *Spam* und *kein Spam*. Allerdings kann man logistische Regression auch auf originale Fälle anwenden, bei denen es eine vorgegebene Anzahl von unterschiedlichen Werten gibt, z.B. *allein, verheiratet* und *geschieden*.

Logistische Regression mit mehr als zwei Ergebnissen heißt multinominale logistische Regression. Diese können Sie in Abbildung 21 sehen.

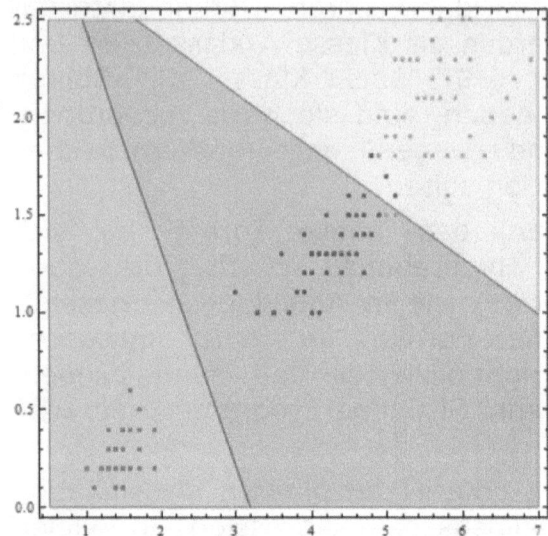

Abbildung 21: Beispiel einer multinominalen logistischen Regression

Support Vector Machine

Als eine fortgeschrittene Kategorie eine Regression ähnelt die Support Vector Machine (SVM) der logistischen Regression, aber mit strengeren Bedingungen. Im Hinblick darauf ist SVM überlegener wenn es darum geht, Klassifikationsgrenzlinien zu zeichnen. Wir wollen einmal sehen, wie das aussieht.

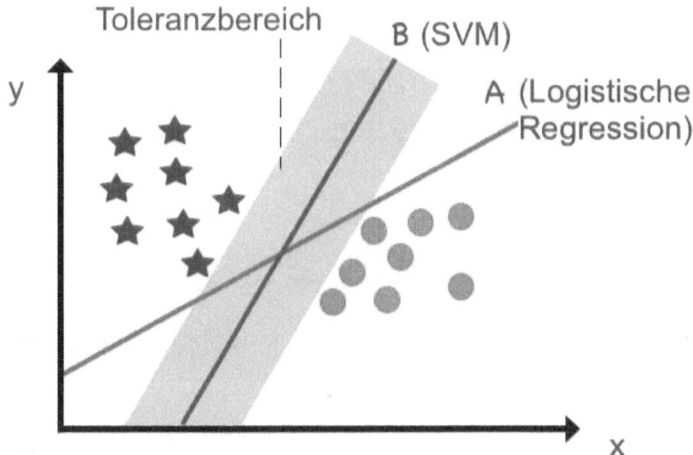

Abbildung 22: Logistische Regression verglichen mit SVM

Das Diagramm in Abbildung 22 besteht aus Datenpunkten, die linear getrennt werden können und der logistischen Hyperebene (A), welche die Datenpunkte in zwei Klassen aufteilt; das geschieht auf eine Weise, dass die Entfernung zwischen allen Datenpunkten und der Hyperebene minimiert wird. Die zweite Linie, die SVM Hyperebene (B), trennt ebenfalls die zwei Cluster, aber von einer Position der Maximaldistanz zwischen ihr und den zwei Clustern.

Sie werden auch einen grauen Bereich bemerken, den Toleranzbereich: Er zeigt die Entfernung zwischen der Hyperebene und dem nächstgelegenen Datenpunkt, multipliziert mit 2. Der Toleranzbereich ist ein wesentliches Merkmal von SVM und ist wichtig, da er zusätzliche

Unterstützung bietet, um mit neuen Datenpunkten zu agieren, die in eine logistische Regressions-Hyperebene eindringen. Um dieses Szenario zu illustrieren wählen wir das gleiche Diagramm unter Hinzunahme eines neuen Datenpunktes.

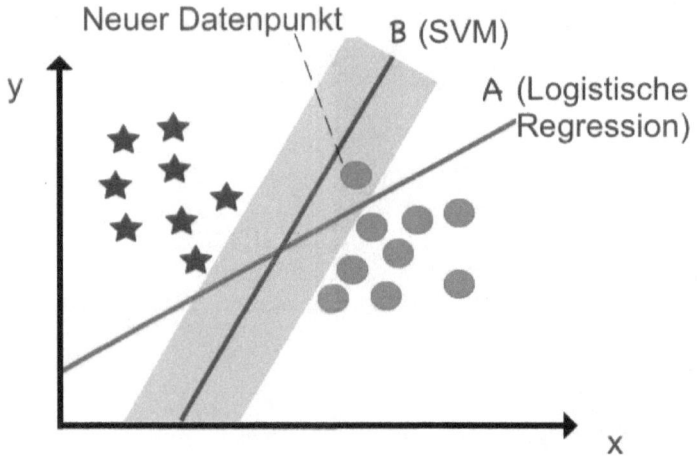

Abbildung 23: Ein neuer Datenpunkt ist dem Diagramm hinzugefügt worden

Der neue Datenpunkt ist ein Kreis, aber fälschlicherweise befindet er sich auf der linken Seite der logistischen Regressions-Hyperebene (gedacht für die Sterne). Der neue Datenpunkt bleibt jedoch korrekt platziert auf der rechten Seite der SVM- Hyperebene (entworfen für Kreise) aufgrund der freundlichen „Unterstützung" durch die Toleranzzone.

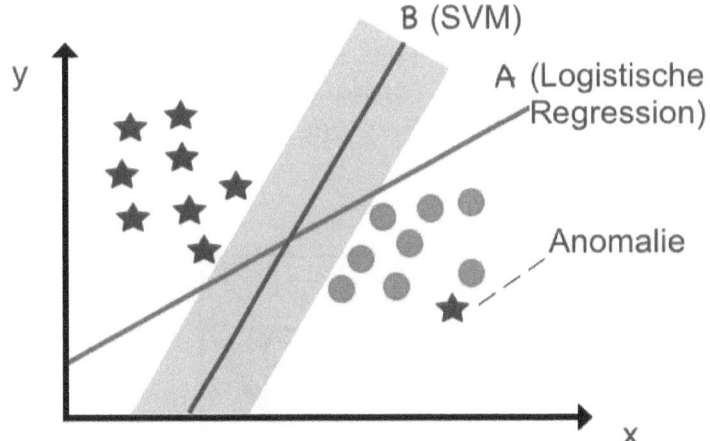

Abbildung 24: Abschwächende Abweichungen

Eine weitere nützliche Anwendung von SVM betrifft abschwächende Abweichungen. Eine Begrenzung einer standardisierten logistischen Regression liegt darin, dass sie zu keinen Anomalien passt (wie in den Diagrammen gezeigt, bei dem der Stern sich in der unteren rechten Ecke in Abbildung 24 befindet). SVM hingegen ist weniger empfindlich gegenüber solchen Datenpunkten und minimiert tatsächlich ihre Bedeutung für die endgültige Position der Grenzlinie. In Abbildung 24 können wir sehen, dass die Linie B (SVM Hyperebene) weniger empfindlich auf den Ausnahmestern rechts unten reagiert. Insofern kann SVM dazu dienen, Abweichungen zu bekämpfen

Die Beispiele, die bis jetzt behandelt wurden, haben zwei Merkmale in einem 2-dimensionalen Diagramm zusammengefasst. Die wirkliche Stärke der SVMs jedoch zeigt sich in hochdimensionalen Daten und im Umgang mit vielfachen Merkmalen. SVM verfügt über zahllose Variationen, um vielfach dimensionierte Daten zu klassifizieren, bekannt als „Kernel" oder Filter, einschließlich linearer SVC (Vgl. Abbildung 25), polynominaler SVC und dem *Kernel-Trick*.

Der Kernel-Trick ist eine fortschrittliche Lösung, um Datenmengen aus einer niedrigstufigen Dimensionierung in einem hochdimensionalen Raum einzutragen. Wenn man von einer 2-dimensionalen zu einer 3-dimensionalen Darstellung gelangt, erlaubt Ihnen das, eine lineare Ebene zu verwenden, um die Daten innerhalb des 3-dimensionalen Raumes aufzuteilen, wie es die Abbildung 25 zeigt.

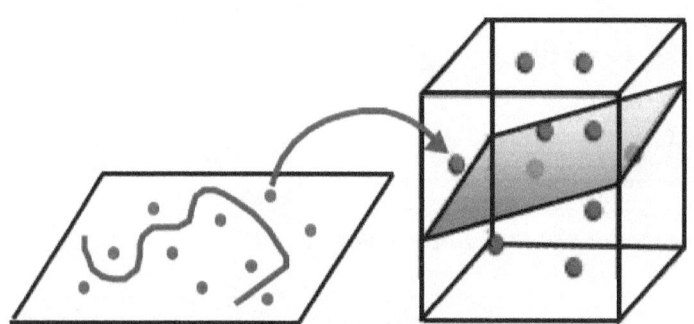

Abbildung 25: Beispiel eines linearen SVC

Mit anderen Worten erlaubt es der *Kernel-Trick*, lineare Klassifikationstechniken zu verwenden um eine Klassifikation herzustellen, die nicht-lineare Charakteristiken hat; ein 3-D-Ebene bildet einen lineare Trennlinie zwischen Datenpunkten in einem 3-D Raum, formt aber eine nicht lineare Trennlinie zwischen den Punkten, wenn sie in einen 2-D Raum projiziert werden.

8

Clustering

Um eine Information zu analysieren ist es hilfreich, wenn man die Cluster von Daten identifizieren kann, die ähnliche Attribute aufweisen. Zum Beispiel: Ihre Firma möchte als ein Merkmal Kunden überprüfen, die zur gleichen Jahreszeit einkaufen und herausfinden, welche Faktoren ihr Kaufverhalten beeinflussen.

Wenn man ein besonderes Cluster der Kunden versteht, kann man Entscheidungen treffen, welche Produkte man bestimmten Kunden-Gruppierungen empfehlen kann, wie etwa durch Promotion oder personalisierte Angebote. Außerhalb der Marktforschung kann Clustering auf verschiedene andere Szenarien angewendet werden, einschließlich der Erkenntnis von Mustern, Betrugsentdeckung und der Bilderkennung.

Cluster-Analyse gehört sowohl zum überwachten wie zum unüberwachten Lernen. Als eine Technik des überwachten Lernens dient Clustering dazu, neue Datenpunkte in existierende Cluster zu einzuordnen, nämlich durch das k-nearest neighbor (k-NN), die Nächste-Nachbarn-Klassifikation; als Technik des unüberwachten Lernens wird Clustering eingesetzt, um unterschiedliche Gruppen von Datenpunkten durch *k-Means Clustering* zu identifizieren. Auch wenn es andere Formen von Techniken des Clusterings gibt, dann sind diese zwei Algorithmen allgemein gesprochen die populärsten sowohl bei maschinellem Lernen als auch beim Data-Mining.

Nächste-Nachbarn-Klassifikation (*k*-NN)

Diese (*k*-NN) ist der einfachste Clustering-Algorithmus; eine Technik des überwachten Lernens, die verwendet wird, um neue Datenpunkte zu klassifizieren, und zwar aufgrund der Beziehung zu Datenpunkten in der Nähe.

Das *k*-NN ist ähnlich wie ein Voting-System oder ein Popularitätswettbewerb. Stellen Sie sich vor, Sie sind ein neuer Schüler in der Schule, der eine Gruppe von Klassenkameraden auswählt um sich zu sozialisieren; dabei wählen Sie vor allem aus den fünf Kindern aus, die in Ihrer Nähe sitzen. Unter diesen fünf Klassenkameraden gibt es drei Computerfreaks, einer ist ein Skater und einer eine Sportskanone. Entsprechend der *k*-NN würden Sie bevorzugen, mit den Computerfreaks herumzuhängen, und das aufgrund des numerischen Vorteils. Wir wollen uns noch ein anderes Beispiel ansehen.

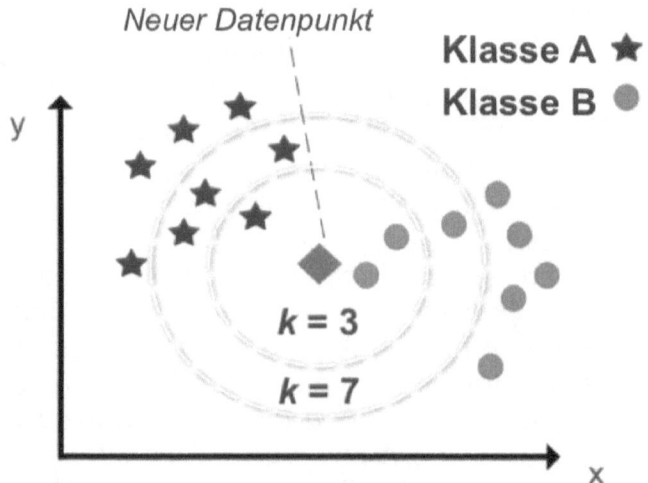

Abbildung 26: Ein Beispiel eines *k*-NN Clusters, das verwendet wird, um die Klasse eines neuen Datenpunktes vorauszusagen.

Wie man der Abbildung 26 entnehmen kann, befähigt das Diagramm uns, die Distanz zwischen zwei beliebigen Datenpunkten zu berechnen. Die Datenpunkte auf den

Diagrammen wurden schon in zwei Cluster kategorisieren. Nun wird ein Datenpunkt in die Zeichnung eingesetzt, der noch nicht klassifiziert ist. Wir können jetzt die Kategorie dieses neuen Datenpunktes voraussagen; sie basiert auf der Beziehung zu den existierenden Datenpunkten.

Jedoch muss zunächst „k" gesetzt werden um zu bestimmen, wie viele Datenpunkte wir benennen wollen, um den neuen Datenpunkt zu klassifizieren. Wenn wir k als Ziffer 3 festlegen, wird k-NN nur die Beziehung des neuen Datenpunktes zu den drei nächstgelegenen Datenpunkten (den Nachbarn) analysieren. Das Ergebnis der Auswahl der drei nächstgelegenen Nachbarn führt zu zwei Datenpunkten der Klasse B und zu einem Datenpunkt der Klasse A. Indem man k (=3) zu Definition herangezogen hat, wird die Voraussage des Modells zur Bestimmung der Kategorie des neuen Datenpunktes Klasse B sein, da sie sich auf zwei von drei nächsten Nachbarn bezieht.

Entscheidend ist die Anzahl der ausgewählten Nachbarn, definiert durch k, um die Ergebnisse zu bestimmen. In Abbildung 26 kann man sehen, dass die Klassifikation sich ändert, je nachdem, ob man k auf „3" oder „7" setzt. Deshalb wird es empfohlen, zahlreiche k-Kombination zu testen, um das beste Ergebnis zu erzielen und um zu vermeiden, dass man k zu hoch oder zu niedrig ansetzt. Nimmt man für k eine ungerade Zahl an, wird das ebenfalls helfen, die Möglichkeit eines statistischen Fehlversuches und eines invaliden Ergebnisses zu eliminieren. Bei dem Scikit-Lernen ist die vorgegebene Zahl von Nachbarn „5".

Zwar ist es generell eine sehr genaue und einfach zu lernende Technik, doch bedeutet das Speichern eines kompletten Datensatzes und die Berechnung der Entfernung zwischen dem neuen Datenpunkt und den existieren Datenpunkten eine besondere Belastung für die Computer. Aus diesem Grunde wird dieses k-NN Verfahren beim Einsatz mit umfangreichen Datensätzen generell nicht empfohlen.

Ein weiterer möglicher Nachteil liegt darin, dass man dazu neigt, dieses Verfahren auch auf hoch-dimensionale Daten (3-D und 4-D) mit vielfachen Features anzuwenden. Wenn man aber vielfache Entfernungen zwischen Datenpunkten in einem 3- oder 4-dimensionalen Raum misst, bringt man die Computerressourcen an die Grenze; auch ist es kompliziert, eine akkurate Klassifikation vorzunehmen. Wenn man die Gesamtzahl der Dimensionen reduziert, z.B. durch einen Algorithmus mit absteigende Dimension wie einer *Principal Component Analysis* (PCA) oder mit verbunden Variablen, so ist das eine allgemein übliche Strategie der Vereinfachung und der Vorbereitung für einen Datensatz für eine *k*-NN Analyse.

***k*-Means Clustering**

Im unüberwachten Lernen ist das ein beliebter Algorithmus; er versucht, die Daten in k unterschiedliche Gruppen aufzuteilen und ist effektiv darin, grundlegende Datenmuster zu entdecken. Beispiele von möglichen Gruppierungen beinhalten Tierarten, Kunden mit ähnlichen Merkmalen und Immobilienmarkt-Aufgliederungen. Dieser *k*-Means Algorithmus funktioniert so, dass zunächst die Daten in k Anzahl von Clustern aufgeteilt werden, wobei k die Anzahl von Clustern repräsentiert, die Sie erstellen wollen. Wenn Sie Ihren Datensatz in drei Cluster aufteilen wollen, dann wird k in diesem Beispiel auf „3" gesetzt.

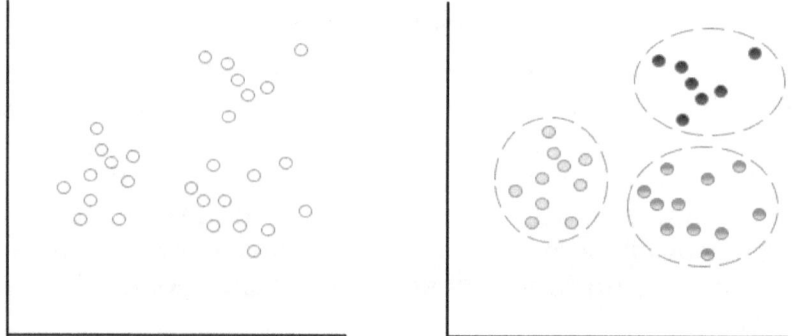

Abbildung 27: Vergleich von Originaldaten und Cluster-Daten unter Verwendung von *k*-Means

In Abbildung 27 können wir sehen, dass die originalen Daten (ohne Cluster) in 3 Cluster aufgeteilt worden sind (k = 3); hätten wir k auf 4 gesetzt, hätten wir einen weiteres Cluster aus dem Datensatz entnommen, um 4 Cluster zu haben.

Wie geschieht nun die Trennung der Datenpunkte durch dieses Verfahren? Als erster Schritt werden die Daten auf dem Diagramm geprüft, die noch nicht im Cluster zusammengefasst sind. Manuell wird ein Schwerpunkt für jedes *k*-Cluster gebildet. Dieser Schwerpunkt, auch 3 genannt, bildet das Zentrum eines individuellen Clusters. Diese Schwerpunkte können randomisiert gewählt werden, was bedeutet, dass man jeden beliebigen Datenpunkt auf dem Diagramm als Zentrum benennen kann. Man kann jedoch Zeit sparen, indem man Schwerpunkte auswählt, die auf dem Diagramm verteilt sind und nicht direkt nebeneinanderliegen. Mit anderen Worten, beginnen Sie damit, eine Vermutung anzustellen, wo Ihrer Meinung nach die Schwerpunkte für jedes Cluster liegen können. Die übrigen Datenpunkte in dem Diagramm werden dann dem nächstgelegenen Schwerpunkt zugewiesen, indem man den Euklidischen Abstand misst.

$$d = \sqrt{(x_2 - x_1)^2 + (y_2 - y_1)^2}$$

Abbildung 28: Berechnung des Euklidischen Abstands

Jeder Datenpunkt kann nur einem einzigen Cluster zugeordnet werden und jeder Cluster ist unterschiedlich. Das bedeutet, es gibt keine Überlappungen zwischen Clustern und auch nicht die Situation, dass ein Cluster innerhalb eines anderen liegt. Auch werden alle Datenpunkte, einschließlich der Abweichungen, einem Schwerpunkt zugeordnet, unabhängig davon, wie sie die endgültige Form des Clusters am Ende bestimmen. Wegen der statistischen Kraft jedoch, die alle in der Nähe gelegenen Datenpunkte zu einem zentralen Punkt zieht, werden Ihre Cluster generell eine elliptische- oder Kugelform haben.

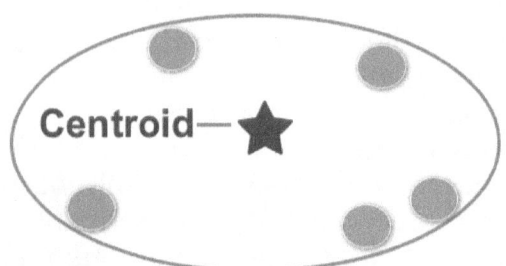

Abbildung 29: Beispiel eines ellipsenförmigen Clusters

Danach nehmen Sie den mittleren Wert der Datenpunkte in jedem Cluster und geben Sie die X- und y-Werte ein, um die Schwerpunktkoordinaten upzudaten. Das wird vermutlich zu einer Veränderung der Lage Ihres gewählten Schwerpunktes führen. Die Gesamtzahl der Cluster wird jedoch gleich bleiben. Sie schaffen keinen neuen Cluster, sondern aktualisieren nur deren Position in dem Diagramm. Wie bei der „Reise nach Jerusalem" werden die verbliebenen Datenpunkte zu dem nächstgelegenen Schwerpunkt eilen, um die entsprechende k-Zahl von Clustern zu bilden.

Sollte ein beliebiger Datenpunkt in dem Diagramm mit dem Wechsel der Schwerpunkte auch die Cluster wechseln, muss der vorhergehende Schritt wiederholt werden. Das bedeutet wiederum, den durchschnittlichen Wert des Clusters zu berechnen und die X- und y-Werte jedes Schwerpunktes zu aktualisieren, um die durchschnittlichen Koordinaten der Datenpunkte in diesem Cluster zu reflektieren.

Wenn Sie an einem Punkt angekommen sind, an dem die Datenpunkte nicht länger die Cluster verändern, nachdem ein Update der Schwerpunktkoordinaten vorgenommen ist, ist der Algorithmus vollständig und Sie haben Ihren finalen

Satz an Clustern. Das folgende Diagramm zeigt den vollständigen algorithmischen Prozess.

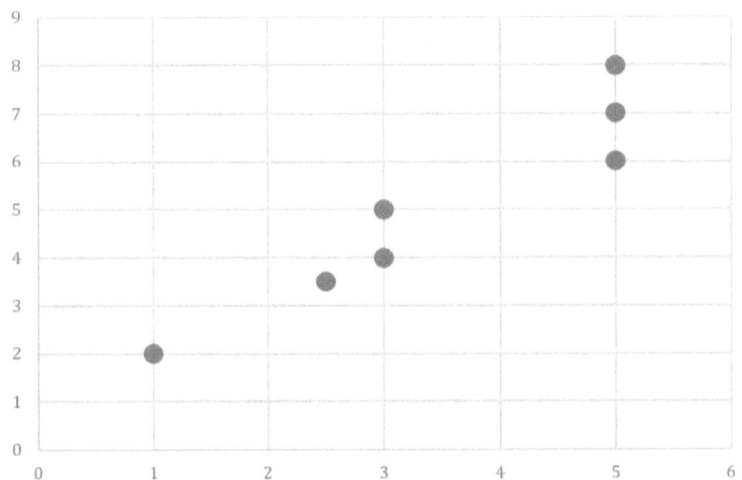

Abbildung 30: Beispiele von Datenpunkten in einem Diagramm

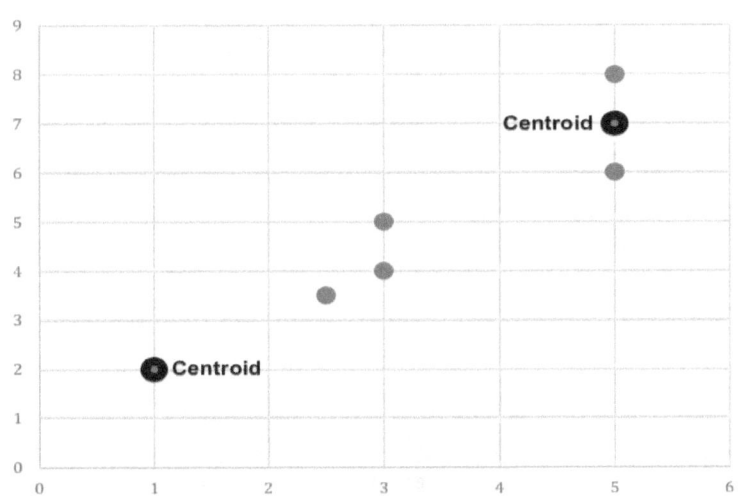

Abbildung 31: 2 Datenpunkte werden als Schwerpunkte, centroids, definiert

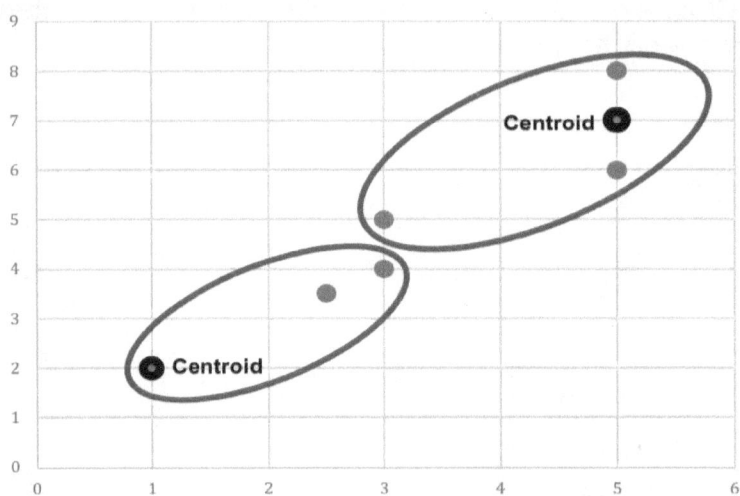

Abbildung 32: Zwei Cluster wurden gebildet, nachdem der Euklidische Abstand der übrigen Datenpunkte zu den Schwerpunkten berechnet worden ist.

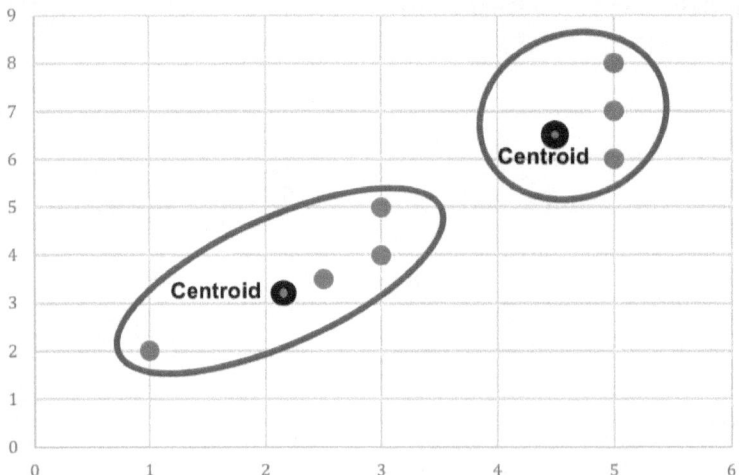

Abbildung 33: Die Schwerpunkt-Koordinaten für jedes Cluster wurden aktualisiert, um den Mittelwert der Cluster abzubilden. Da ein Datenpunkt vom rechten zum linken Cluster gewechselt ist, wurden die Schwerpunkte beider Cluster neu berechnet.

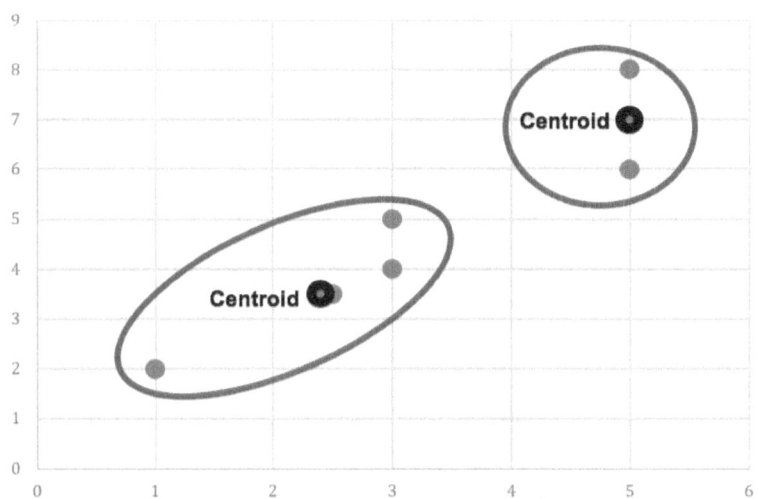

Abbildung 34: Es werden zwei letzte Cluster erzeugt

Festlegung von k

Wird der Wert k festgelegt, ist es wichtig, die richtige Anzahl der Cluster zu finden. Im Allgemeinen werden Cluster kleiner und die Varianz geringer, wenn sich der Wert k erhöht. Der Nachteil ist allerdings, dass die nahe gelegenen Cluster in diesem Fall weniger voneinander entfernt sind.

Wenn k die gleiche Anzahl der Datenpunkte Ihres Datensatzes ausmacht, dann wird jeder Datenpunkt automatisch zu einem selbstständigen Cluster. Umgekehrt bedeutet das, nimmt man den Wert k als „1" an: alle Datenpunkte werden als homogen angenommen und es wird nur ein einziger Cluster geschaffen. Man braucht nicht darauf hinzuweisen, dass es keinen Sinn macht und zu keiner sinnvollen Einsicht führt, den Wert k so extrem festzulegen.

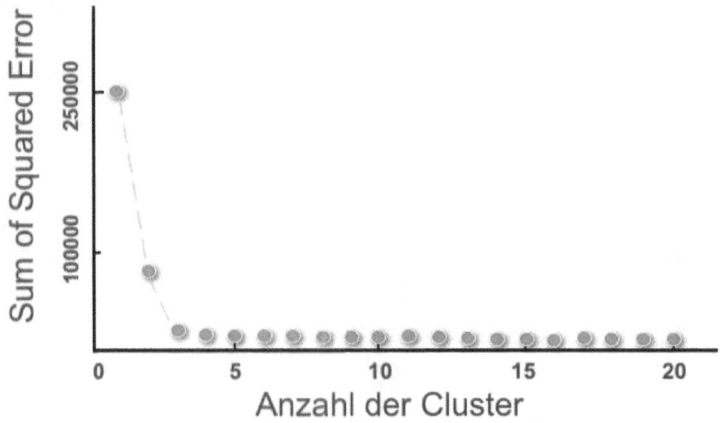
Abbildung 35: Ein Scree Diagramm (Eigenwertdiagramm)

Um den Wert k zu optimieren, wollen Sie sich vielleicht einem solchen Diagramm zuwenden, um Hilfe zu bekommen. Ein Eigenwertdiagramm stellt den Grad der Varianz innerhalb eines Clusters dar, wenn sich die Gesamtzahl der Cluster erhöht. Die Eigenwerte der Daten fallen zunächst steil ab, dann findet man die typischen Knickstellen - „Ellenbogen" - im Verlauf der Kurve.

Das Scree-Plot, das Eigenwertdiagramm, vergleicht die *Sum of Squared Error* (SSE) für jede Abweichung aller Cluster. SSE wird gemessen als die Summe der Quadratentfernung zwischen dem Schwerpunkt und den anderen Nachbarn innerhalb des Clusters. Kurz gesagt, SSE fällt, wenn weitere Cluster gebildet werden.

Das führt zu der Frage nach der optimalen Anzahl der Cluster. Allgemein gesprochen gilt, dass Sie sich für eine Cluster-Lösung entscheiden, bei der die SSE auf der linken Seite des Eigenwertdiagramms drastisch abfällt, aber bevor sie einen Punkt des vernachlässigbaren Wechsels mit Cluster Variationen auf der rechten Seite erreicht. In Abbildung 35 zum Beispiel gibt es für sechs oder mehr Cluster wenig Einfluss bezüglich der SSE. Das würde zu Clustern führen, die klein und schwierig zu unterscheiden wären.

In dieser Abbildung scheinen zwei oder drei Cluster eine ideale Lösung zu sein. Es gibt einen signifikanten Knick auf der linken Seite der zwei Clustervariationen aufgrund eines besonderen Drop-offs bei der SSE. In der Zwischenzeit gibt es noch eine Veränderung bei SSE mit der Lösung auf der rechten Seite. Das garantiert, dass diese zwei Clusterlösungen deutlich unterscheidbar sind und eine Auswirkung auf die Datenklassifikation haben.

Ein etwas einfacherer und nicht mathematischer Zugang zur Festsetzung von k liegt darin, das Domainwissen anzuwenden. Wenn ich beispielsweise Daten analysiere, die die Besucher der Webseite eines größeren IT-Providers betreffen, möchte ich vielleicht den Wert k auf „2" setzen. Warum zwei Cluster? Weil ich schon weiß, dass es vermutlich eine größere Diskrepanz gibt bei dem Kaufverhalten von neuen Besuchern und Besuchern, die schon immer da waren. Erstbesucher kaufen eher selten IT Produkte auf höherem Niveau und Dienstleistungen, da diese Kunden normalerweise eine längere Sicherheitsprüfung durchlaufen, ehe die Aufträge gutgeheißen werden. Folglich kann ich das *k*-Means Clustering Verfahren anwenden, um zwei Cluster zu bilden und meine Hypothese zu testen.

Wenn ich zwei Cluster gebildet habe, möchte ich vielleicht eines etwas genauer prüfen; entweder benutze ich eine andere Technik oder noch einmal dieses Clusterverfahren. Ich möchte beispielsweise vielleicht die Gruppe der wiederkehrenden Nutzer in zwei Cluster aufteilen um meine Hypothese zu testen (m.H. des *k*-Means Clusters), dass mobile Anwender und Desktopanwender zwei unterschiedliche Gruppen von Datenpunkten erzeugen. Noch einmal, bei Anwendung des Domainwissens ist schon klar, dass es für große Unternehmen eher selten ist, sehr große Bestellungen über mobile Geräte abzuwickeln. Dennoch möchte ich ein Modell des maschinellen Lernens entwickeln, um diese Vermutung zu überprüfen.

Wenn ich auf einer Angebotsseite einen niedrigpreisigen Artikel analysieren möchte, wie zum Beispiel der Domainname zu $4,99, dann werden neue Besucher und wiederholte Besucher kaum zwei deutlich unterscheidbar Cluster erzeugen. Da der Artikel niedrigpreisig ist, werden neue Kunden vor dem Kauf nicht lange nachdenken.

Stattdessen könnte ich den Wert k auf „3" setzen, basierend auf meinen drei primären und wichtigsten Punkten: organischer Verkehr, bezahlte Werbung und das E-Mail Marketing. Diese drei wichtigen Quellen werden vermutlich drei unterschiedliche Cluster erstellen, beruhend auf folgenden Fakten:

a) **Organischer Verkehr** besteht generell aus Neukunden und Altkunden mit der starken Absicht, von meiner Website einzukaufen (durch Vorauswahl, d.h. Mundpropaganda, frühere Einkäufe).

b) **Bezahlte Werbung** bezieht sich auf Neukunden, die typischerweise auf der Webseite mit weniger Vertrauensvorschuss als die erste Gruppe ankommen, einschließlich möglicher Kunden, die versehentlich die bezahlte Werbung anklicken.

c) **E-Mail Marketing** erreicht Bestandskunden, die schon Erfahrung mit Einkäufen auf der Webseite haben und über ein Kundenkonto verfügen.

Das ist ein Beispiel für Domainwissen, das auf eigener Erfahrung beruht, aber Sie müssen wissen, dass dessen Wirksamkeit sich jenseits einer niedrigen Anzahl von Clustern drastisch verringert. Mit anderen Worten, Domainwissen kann ausreichend sein, um zwei bis vier Cluster zu bestimmen, aber es ist weniger wertvoll, wenn man zwischen 20 und 21 Clustern wählt.

9

Bias und Varianz

Die Auswahl des Algorithmus ist ein wichtiger Schritt, um ein Modell mit einer genauen Voraussage erschaffen zu können, aber einen Algorithmus mit einem hohen Grad an Wahrscheinlichkeit zu installieren kann ein schwieriger Balanceakt sein. Die Tatsache, dass jeder Algorithmus sehr unterschiedliche Modelle produzieren kann, basierend auf den vorgesehenen Hyperparametern, kann zu völlig unterschiedlichen Ergebnissen führen. Wie schon vorher erwähnt, versteht man unter Hyperparametern die Algorithmen-Festlegungen, ähnlich den Kontrollen auf dem Instrumentenbrett eines Flugzeuges und den Knöpfen, die man zum Einstellen der Radiofrequenzen benötigt - nur dass Hyperparameter Codezeilen sind!

```
model = ensemble.GradientBoostingRegressor(
    n_estimators=150,
    learning_rate=0.1,
    max_depth=4,
    min_samples_split=4,
    min_samples_leaf=4,
    max_features=0.5,
    loss='huber'
)
```

Abbildung 36: Beispiel von Hyperparametern in Python für das algorithmische *gradient boosting*

Beim maschinellen Lernen ist eine stete Herausforderung, mit Underfitting (Unteranpassung) und Overfitting (Überanpassung) umzugehen; das beschreibt wie eng Ihr Modell den aktuellen Mustern Ihres Datensatzes folgt. Um die Begriffe Underfitting und Overfitting zu verstehen muss man zunächst wissen, was mit Bias und Varianz gemeint ist.

Bias (Verzerrung) bezieht sie sich auf die Lücke zwischen Ihrem vorausgesagten Wert und dem tatsächlichen Wert. Im Falle eines großen Bias, werden Ihre Voraussagen vermutlich in eine gewisse Richtung verzerrt sein, weit weg von den aktuellen Werten. Varianz beschreibt, wie verstreut Ihre vorausgesagten Werte sind. Bias und Varianz kann man am besten verstehen, indem man die folgenden zwei visuellen Darstellungen analysiert.

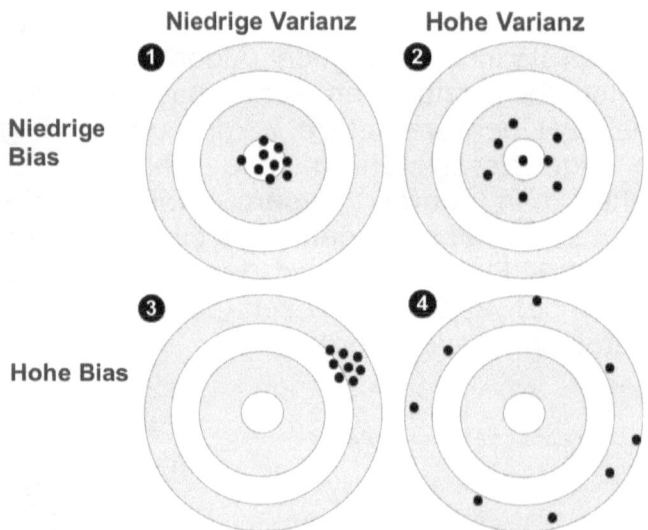

Abbildung 37: Zielscheiben zur Darstellung von Bias (=Verzerrung) und Varianz

Zielscheiben wie in Abbildung 37 stellen keine visuellen Abbildungen dar, wie sie beim maschinellen Lernen verwendet werden, aber hier hilft es, die Begriffe Bias und Varianz zu erklären.

Stellen Sie sich vor, dass das Zentrum des Ziels, das sog. Bull's eye, in perfekter Weise den korrekten Wert Ihres Modells voraussagt. Die Punkte auf der Zielscheibe repräsentieren dann eine individuelle Realisierung Ihres Modells, basierend auf Ihren Trainingsdaten. In bestimmten

Fällen werden die Punkte dicht aneinander nahe bei dem Bull's eye liegen; das garantiert, dass die Voraussagen in diesem Modell nahe bei den aktuellen Daten liegen. In anderen Fällen sind die Trainingsdaten über die ganze Zielscheibe verteilt. Je weiter die Punkte von dem Mittelpunkt der Zielscheibe entfernt sind, desto höher ist die Bias und desto weniger genau wird das Modell bezüglich seiner allgemeinen Voraussagefähigkeit sein.

Bei der ersten Zielscheibe können wir ein Beispiel von niedriger Bias und niedriger Varianz sehen. Bias ist niedrig, weil die Treffer nahe im Zentrum liegen und von niedriger Varianz spricht man, weil die Treffer dicht beieinander an einer Stelle zu finden sind.

Die zweite Zielscheibe (erste Zeile rechts) zeigt einen Fall von niedriger Bias und hoher Varianz. Wenn auch die Treffer nicht so eng am Bull's eye liegen wie bei dem vorherigen Beispiel, sind sie doch immer noch nah am Zentrum, weshalb die Bias relativ niedrig ist. Jedoch gibt es eine große Varianz in diesem Fall, weil die Treffer voneinander doch weit entfernt sind.

Die dritte Zielscheibe (links unten, zweite Zeile) zeigt eine hohe Bias und niedrige Varianz und die vierte Zielscheibe (rechts unten, zweite Zeile) zeigt eine hohe Bias und eine hohe Varianz.

Idealerweise wünscht man sich eine Situation mit niedriger Bias und niedriger Varianz. In Wirklichkeit jedoch gibt es häufiger einen Kompromiss zwischen optimaler Bias und der Varianz. Bias und Varianz tragen beide zu Irrtümern bei, aber es ist der Voraussage-Irrtum, denn Sie minimieren möchten, nicht spezifisch Bias oder Varianz.

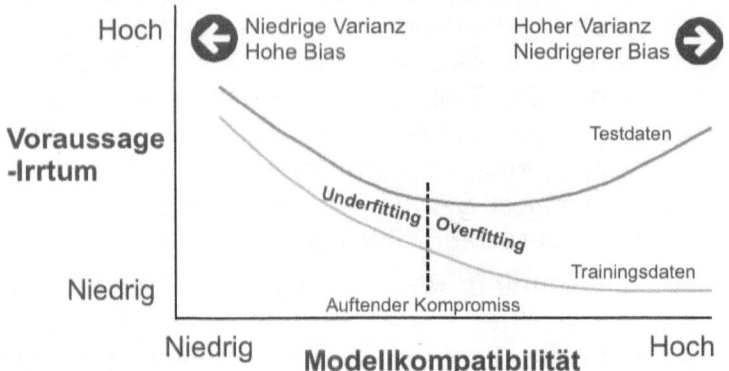

Abbildung 38: Modellkomplexität, beruhend auf einem Voraussageirrtum

In Abbildung 38 können wir zwei Linien sehen, die sich von links nach rechts erstrecken. Die obere Linie steht für die Testdaten und die untere Linie repräsentiert die Trainingsdaten. Von links aus beginnen beide Linien an einem Punkt mit großem Voraussage-Irrtum aufgrund der niedrigen Varianz und der hohen Bias. Während sie sich von links nach rechts ziehen, verändern sie sich zu dem Gegenteil: hohe Varianz und niedrige Bias. Das führt zu einem geringen Voraussage-Irrtum bei den Trainingsdaten und zu einem entsprechend großen bei den Testdaten. In der Mitte der Abbildung liegt die optimale Balance des Voraussage-Irrtums zwischen den Trainings-und den Testdaten. Das ist ein häufig auftretender Kompromiss zwischen Bias und Varianz.

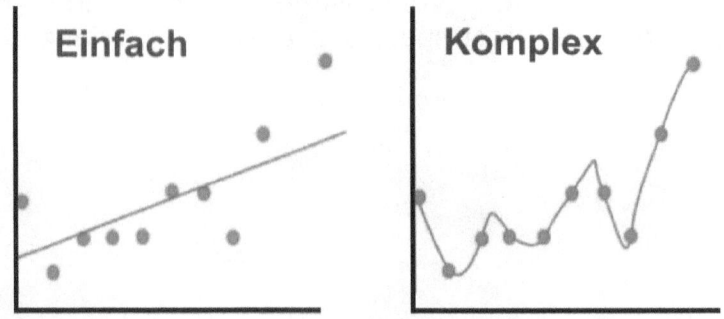

Abbildung 39: Underfitting links und Overfitting rechts

Geht man mit dem Kompromiss zwischen Mittelwert und Varianz falsch um, führt das zu schlechten Ergebnissen. Wie die Abbildung 39 zeigt, kann das zu einem Modell führen, das zu einfach und unflexibel (underfitting) ist oder viel zu komplex und flexibel (overfitting) ist.

Underfitting (geringe Varianz, hohe Bias) links und Overfitting (hohe Varianz, niedrige Bias) rechts zeigen diese beiden Diagramme. Es ist eine natürliche Versuchung, das Modell möglichst komplex zu gestalten (Vergl. rechte Abbildung), um die Genauigkeit zu verbessern, aber das kann auch zu Overfitting führen. Ein durch Overfitting gekennzeichnetes Modell wird akkurate Voraussagen aus den Trainingsdaten ermöglichen, aber viel weniger genau sein, wenn man Voraussagen aus den Testdaten formulieren will. Overfitting kann auch auftreten, wenn die Trainings- und Testdaten nicht randomisiert sind, bevor sie aufgeteilt wurden, oder wenn die Muster in den Daten nicht über die zwei Segmente der Daten verteilt wurden.

Von Underfitting spricht man, wenn Ihr Modell zu einfach ist und, noch einmal, nicht in die Oberfläche der darunterliegenden Muster der Datensätze eingedrungen ist. Underfitting kann zu ungenauen Voraussagen sowohl bei den Trainings- wie bei den Testdaten führen. Häufige Gründe dafür liegen in ungenügend vorhandenen Trainingsdaten, die nicht angemessen alle möglichen Kombinationen und Situationen abdecken, bei denen die Trainings-und Testdaten nicht korrekt randomisiert wurden.

Um beide Fehlerquellen auszuschließen, müssen Sie vielleicht die Hyperparameter des Modells modifizieren um sicherzustellen, dass die Muster in beiden, den Trainings- wie den Testdaten, passen und nicht nur bei einer der beiden. Eine angemessene Form sollte größere Trends in den Daten anerkennen und kleinere Variationen nicht so wichtig nehmen oder sogar weglassen. Das könnte auch bedeuten, dass man die Trainings-und Testdaten aufs Neue randomisiert oder neue Daten hinzufügt, um auf diese Weise die darunterliegenden Muster besser erkennen zu können; man kann auch die Algorithmen wechseln, um den

Kompromiss zwischen Bias und Varianz managen zu können.

Besonders kann es bedeuten, von linearer Regression auf nichtlineare Regression zu wechseln, um die Bias durch eine Erhöhung der Varianz zu reduzieren. Oder es könnte eine Erhöhung des Wertes „k" bei k-NN bedeuten, um die Varianz zu reduzieren (um mehr Nachbarn zu mitteln). Eine dritte Möglichkeit könnte sein, die Varianz zu reduzieren, indem man von einem einzigen Entscheidungsbaum (häufig mit Overfitting in Verbindung) zu einem „Random Forest" mit viel Entscheidungsbäumen kommt.

Eine andere effektive Strategie zur Bekämpfung von Overfitting und Underfitting ist es, eine Regularisierung einzuführen. Eine Regularisierung verstärkt künstlich den Bias-Irrtum, indem eine Erhöhung der Komplexität innerhalb eines Modells bestraft wird. Das Ergebnis ist, dass dieser zusätzliche Parameter eine Warnmeldung ausgibt, sich mit einer hohen Varianz zu beschäftigen, während die originalen Parameter optimiert werden.

Eine weitere effektive Technik, um in Ihrem Modell Overfitting und Underfitting zu erhalten, ist das Kreuzvalidierungsverfahren, wie in Kapitel 6 beschrieben, um irgendwelche Diskrepanzen zwischen den Trainings- und den Testdaten zu minimieren.

Künstliche, neuronale Netzwerke

Dieses vorletzte Kapitel zu Algorithmen des maschinellen Lernens bringt uns zu den künstlichen neuronalen Netzwerken (ANN) und zum Tor für verstärkendes Lernen. Künstliche neuronale Netzwerke, auch bekannt als neuronale Netzwerke oder Netze, sind eine bekannte Technik maschinellen Lernens, um Daten durch Schichten der Analyse zu verarbeiten. Die Bezeichnung neuronale Netzwerke wurde inspiriert durch die Ähnlichkeit der Algorithmen zum menschlichen Gehirn.

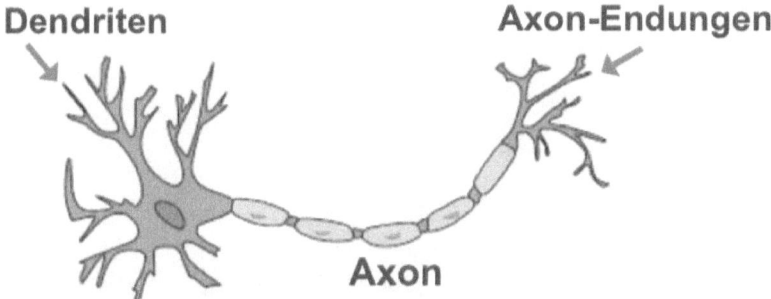

Abbildung 40: Anatomie des menschlichen Neuron

Das menschliche Gehirn enthält mit den Dendriten verbundene Neuronen, die Inputs erhalten. Aus diesen Inputs produziert das Neuron ein elektrisches Signal-Output von dem Axon und schickt dann diese Signale durch die Axon-Endungen zu anderen Neuronen.

Ähnlich den Neuronen im menschlichen Gehirn werden künstliche neuronale Netze durch miteinander verbundene Neuronen geschaffen, die auch Knoten heißen, die miteinander durch die Axonen verbunden sind, die man *Kanten* oder Verbindungen nennt. Bei einem neuronalen Netzwerk werden die Knoten in Schichten gespeichert und beginnen im Allgemeinen auf einer breiten Basis. Die erste Schicht besteht aus Rohdaten wie zum Beispiel numerische Werte, Text, Bilder oder Sound, die in Knoten aufgeteilt werden. Jeder Knoten schickt dann eine Information zu der nächsten Schicht von Knoten durch die Kanten des Netzwerks.

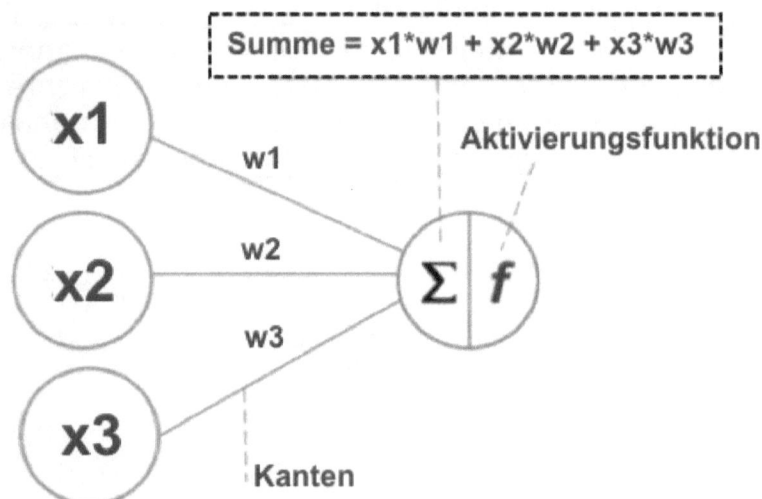

Abbildung 41: Die Knoten, Kanten (Verbindung)/Gewichte und Summe/Aktivierungsfunktion eines grundlegenden neuronalen Netzwerks

Jede Kante (Verbindung) besitzt ein numerisches Gewicht (Algorithmus), das verändert und gestaltet werden kann, je nach Erfahrung. Wenn die Summe der Kanten eine gesetzte Schwelle erreicht, bekannt als die Aktivierungsfunktion, wird es ein Neuron, in der nächsten Schicht liegend, aktivieren. Wenn jedoch die Summe der verbundenen Kanten diese gesetzte Schwelle nicht erreicht, wird die Aktivierung nicht gestattet. Das führt zu einem „Alles oder nichts"-Arrangement.

Beachten Sie auch, dass die Gewichte entlang jeder Kante einzigartig sind um sicherzustellen, dass die Knoten unterschiedlich feuern (Vgl. Abbildung 42) und dass sie nicht alle zum gleichen Ergebnis führen.

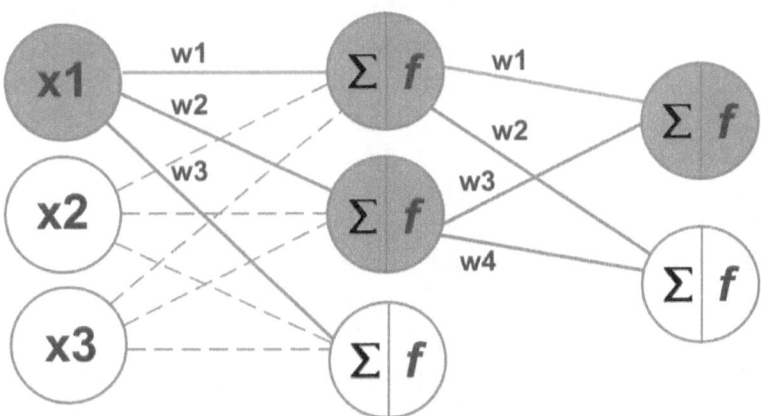

Abbildung 42: Einzigartige Kanten, um verschiedene Ergebnisse zu produzieren

Um das Netzwerk durch überwachtes Lernen zu trainieren wird das vorausgesagte Ergebnis des Modells mit dem tatsächlichen Output verglichen (letzteres ist als korrekt angenommen); der Unterschied zwischen diesen beiden Ergebnissen wird gemessen und heißt *Kost* oder *Kost-Wert*; der Zweck des Trainings ist, den Kost-Wert zu reduzieren bis die Voraussage des Modells fast das korrekte Output trifft. Das geschieht, indem man inkrementell die Gewichte des Netzwerks optimiert, bis man den niedrigstmöglichen Kost-Wert erhält. Dieser Prozess des Trainings des neuronalen Netzwerks heißt *Backpropagation*. Statt von links nach rechts zu navigieren um zu sehen, wie die Daten in das neuronale Netzwerk eingegeben werden, erfolgt Backpropagation umgekehrt und läuft von der äußeren Schicht rechts zu der Inputschicht links.

Ein Nachteil der neuronalen Netzwerke besteht darin, dass sie wie eine Blackbox operieren in dem Sinn, dass, während das Netzwerk genauer Ergebnisse näherungsweise feststellen kann, das Verfolgen seiner Strukturen eine limitierte oder gar keine Kenntnis der Variablen enthüllt, die das Ergebnis betreffen. Wenn man zum Beispiel ein neuronales Netzwerk einsetzt, um das vermutliche Ergebnis einer *Kickstart*-Kampagne vorauszusagen (der Welt größte Funding Plattform für kreative Projekte), dann wird das Netzwerk eine Zahl von Variablen wie etwa Kampagne, Kategorie, Währung, Deadline und Minimalbetrag analysieren, aber es wird nicht in der Lage sein, deren Beziehungen zu dem endgültigen Ergebnis zu spezifizieren. Mehr noch, es ist möglich, dass zwei neuronale Netzwerke mit unterschiedlicher Topologie und unterschiedlichen Gewichten das gleiche Ergebnis produzieren, was es umso schwieriger macht, variable Beziehungen zu dem Ergebnis zu verfolgen. Beispiele von Non-Blackbox-Modellen sind Regressionstechniken und Entscheidungsbäume.

Wann also sollte man eine Blackbox neuronale Netzwerktechnik einsetzen? Im Allgemeinen sind neuronale Netzwerke am besten für das Problemlösen bei hochkomplexen Mustern und besonders bei denen geeignet, die für Computer schwer zu lösen sind, aber für Menschen einfach, ja beinahe trivial. Ein offensichtliches Beispiel dafür ist ein CAPTCHA (Completely Automated Public Turing test to tell Computers and Humans Apart). Ein Antworttest, den man auf Webseiten findet um festzulegen, ob ein online User auch eine Person ist. Es gibt zahllose Blog Postings online, die uns zeigen, wie wir einen solchen CAPTCHA Test mithilfe von neuronalen Netzwerken knacken können. Ein weiteres Beispiel: Man möchte herausfinden ob ein Fußgänger in den Weg eines sich nähernden Fahrzeugs treten will - etwa bei selbstfahrenden Fahrzeugen -, um einen Unfall zu verhindern.

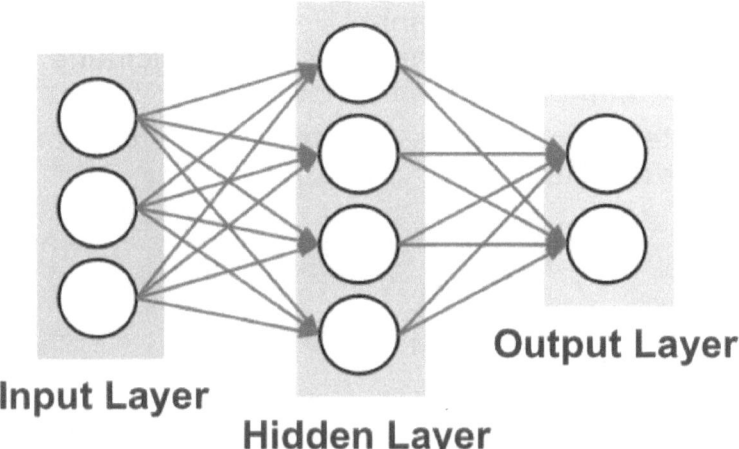

Abbildung 43: Die drei allgemeinen Schichten (Layer) eines neuronalen Netzwerks

Ein typisches neuronales Netzwerk kann in Input-, Hidden- und Output Layer eingeteilt werden. Die Daten werden zunächst durch den Input-Layer erhalten, wo breite Merkmale entdeckt werden. Der oder die Hidden-Layer (verborgene Schichten) analysieren und verarbeiten die Daten. Basierend auf früheren Berechnungen werden die Daten beim Passieren jedes Hidden Layers aktualisiert. Das endgültige Ergebnis zeigt sich in dem Output Layer (Ausgabeschicht).

Die mittleren Layer werden Hidden Layer genannt, da sie, wie bei der menschlichen Vorgehensweise, heimlich Objekte zwischen dem Input und den Output Layern analysieren. Wenn zum Beispiel Menschen vier Linien, verbunden in der Form eines Quadrates, sehen, dann erkennen wir diese vier Linien als ein Quadrat. Wir bemerken gar nicht, dass die Linien vier unabhängige Linien sind ohne jegliche Beziehung zueinander. Unser Gehirn ist sich nur des Output Layers bewusst. Neuronale Netzwerke arbeiten fast ganz genauso insofern, dass sie die Daten in den Layers analysieren und die Layer überprüfen, um einen Endergebnis zu produzieren.

Wenn es auch viele Techniken gibt, Knoten eines neuronalen Netzwerkes zusammenzubringen, so ist die einfachste Methode das sogenannte *Feedforward* Netzwerk. In diesem Netz fließen die Signale nur in eine Richtung und es gibt keine Krümmung dabei.

Die einfachste Form eines Feedforward neuronalen Netzwerkes ist das Perzeptron.

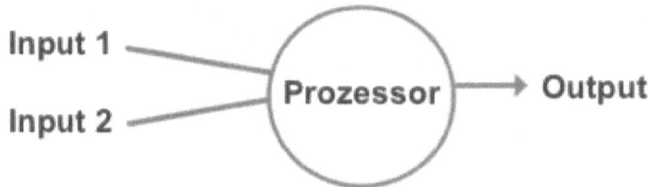

Abbildung 44: Visuelle Darstellung eines Perzeptron neuronalen Netzwerks

Ein Perzeptron besteht aus einem oder mehreren Inputs, einem Prozessor und einem einzigen Output. Bei einem Perzeptronmodell gilt für die Inputs:

1. Sie werden in den Prozessor eingegeben (Neuron)
2. Sie werden verarbeitet
3. Sie generieren ein Output

Ein Beispiel: Sagen wir, unser Perzeptron besteht aus zwei Inputs:

Input 1: $x1 = 24$

Input 2: $x2 = 16$

Dann addieren wir ein randomisierte Gewicht zu diese zwei Inputs und schicken sie in das Neuron zur Verarbeitung.

Abbildung 45: Gewichte werden dem Perzeptron hinzugefügt

Gewichte
Input 1: 0,5
Input 2: -1,0

Als nächstes multiplizieren wir jedes Gewicht mit seinem Input:

Input 1: 24*0,5 = 12

Input 2: 16*-1,0 = -16

Schickt man nun die Summe der Kantengewichte durch die Aktivierungsfunktion, generiert das das Output des Perzeptrons.

Eine Schlüsselfunktion des Perzeptrons ist, dass es nur zwei mögliche Ergebnisse registrieren kann, „0" und „1". Der Wert „1" startet die Aktivierungsfunktion, der Wert „0" tut das nicht. Obwohl das Perzeptron von Natur aus binär ist (1 oder 0), gibt es verschiedene Wege, wie wir die Aktivierungsfunktion konfigurieren können.

In diesem Beispiel machen wir die Aktivierungsfunktion = oder >0. Das bedeutet, ist die Summe eine positive Zahl oder 0, ist das Output 1. Ist die Summe eine negative Zahl ist, ist das Output 0.

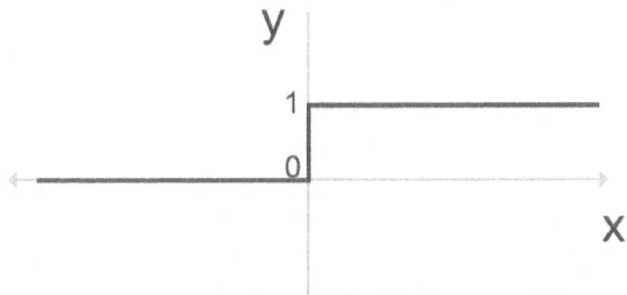

Abbildung 46: Aktivierungsfunktion mit dem Output (Y) 0, wenn X negativ ist, und dem Output (Y) 1, wenn X positiv ist.

Deshalb gilt:

Input 1: 24 * 0,5 = 12
Input 2: 16 * -1,0 = -16
Summe (Σ): 12 + -16 = -4

Da das Ergebnis als numerischer Wert kleiner als Null ist, wird es als „0" registriert und wird deshalb die Aktivierungsfunktion des Perzeptrons nicht starten.

Wir können aber auch die Aktivierungsschwelle zu einer völlig anderen Darstellung modifizieren:

x > 3, y = 1
x ≤ 3, y = 0

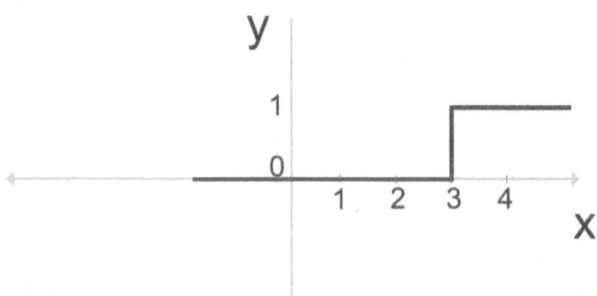

Abbildung 47: Aktivierungsfunktion, wo das Output (Y) 0 ist, wenn X gleich oder kleiner als 3 ist, und das Output (Y) 1 ist, wenn X größer als 3 ist

Arbeitet man mit einem größeren Modell von neuronalen Netzwerkschichten, wird ein Wert von „1" konfiguriert, um das Ergebnis an die nächste Schicht weiter zu reichen. Umgekehrt wird eine „0" konfiguriert um ignoriert zu werden und wird demzufolge auch nicht an die nächste Schicht zur Weiterverarbeitung weitergereicht.

Bei überwachtem Lernen kann man Perzeptren benutzen, um Daten zu trainieren und ein Voraussagemodell zu entwickeln. Die Schritte zum Datentraining sind wie folgt:

1) Inputs werden in den Prozessor (Neuronen/Knoten) eingegeben

2) Das Perzeptron vermutet den Wert dieser Inputs
3) Das Perzeptron berechnet den Fehler zwischen dem vermuteten und dem aktuellen Wert
4) Das Perzeptron passt seine Gewichte entsprechend dem Fehler an
5) Wiederholung der vorhergehenden vier Schritte bis Sie mit der Genauigkeit des Modells zufrieden sind. Das Trainingsmodell kann dann auf die Testdaten angewendet werden.

Die Schwäche des Perzeptrons ist die folgende: Da das Output binär erfolgt (1 oder 0), können kleinere Veränderungen in Gewichten oder im Bias in einem einzigen Perzeptron innerhalb eines größeren neuronalen Netzwerks zu polarisierenden Ergebnissen führen. Das wiederum kann zu drastischen Veränderungen innerhalb des Netzwerks führen und zu einem kompletten Gegenteil hinsichtlich des finalen Outputs. Im Ergebnis macht es das sehr schwierig, ein genaues Modell zu trainieren, das erfolgreich auf die Testdaten und zukünftige Dateninputs angewendet werden kann.

Eine Alternative zum Perzeptron ist das Sigmoid Neuron. Ein Sigmoid Neuron ist einem Perzeptron sehr ähnlich, aber der Einsatz der Sigmoid Funktion statt eines binären Modells akzeptiert nun jeglichen Wert zwischen 0 und 1. Das schafft mehr Flexibilität, kleinere Veränderungen in Kanten-Gewichten zu absorbieren, ohne umgekehrte Ergebnisse zu verursachen - das Output ist nicht länger binär. Mit anderen Worten wird sich das Output wegen einer kleineren Veränderung an dem Kantengewicht oder dem Inputwert nicht ins Gegenteil verkehren.

$$y = \frac{1}{1+e^{-x}}$$

Abbildung 48: Die Sigmoid Gleichung, wie sie zum ersten Mal bei der logistischen Regression zu sehen war.

Da ein Sigmoid Neuron flexibler als ein Perzeptron ist, kann es keine negativen Werte generieren. Deshalb ist eine dritte Option die *Tangentialfunktion Hyperbolius*.

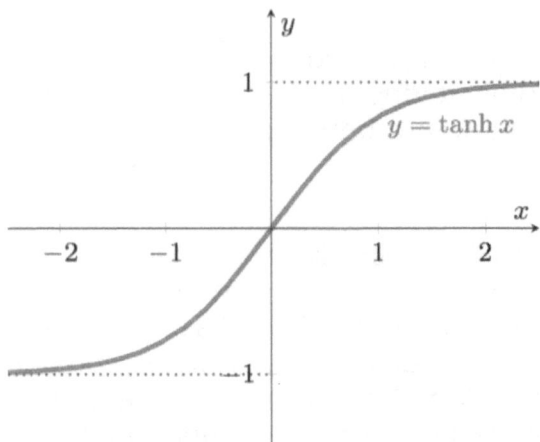

Abbildung 49: Eine hyperbolische Tangentialfunktion-Kurve

Bis jetzt wurden neue neuronale Netzwerke besprochen; um ein fortgeschritteneres neuronales Netzwerk zu erschaffen, können wir Sigmoid Neuronen und andere Klassifizierer verbinden, um ein Netzwerk mit einer höheren Zahl von Schichten zu bilden oder wir können multiple Perzeptren kombinieren, um ein vielschichtiges Perzeptron zu formen.

Um einfache Muster zu analysieren reicht ein grundlegendes neuronales Netzwerk oder einen alternatives Klassifikationstool wie eine logistische Regression und *k*-nearest neighbors zur Analyse in der Regel aus. Wenn jedoch die Muster in den Daten komplizierter werden, besonders in Form einer höheren Zahl von Inputs wie etwa die Gesamtzahl von Pixel bei einem Bild, dann ist ein grundlegendes oder einfaches Modell nicht länger zuverlässig oder zur Analyse fähig. Das ist deshalb so, weil das Modell exponentiell komplex wird, da die Zahl der Inputs sich vergrößert; im Falle von neuronalen Netzwerken bedeutet das weitere Schichten, die weitere Input-Knoten verarbeiten müssen. Ein neuronales Netzwerk mit einer großen Zahl von Schichten jedoch ist in der Lage, komplexe Muster in einfache Muster zu verwandeln, wie es Abbildung 50 zeigt.

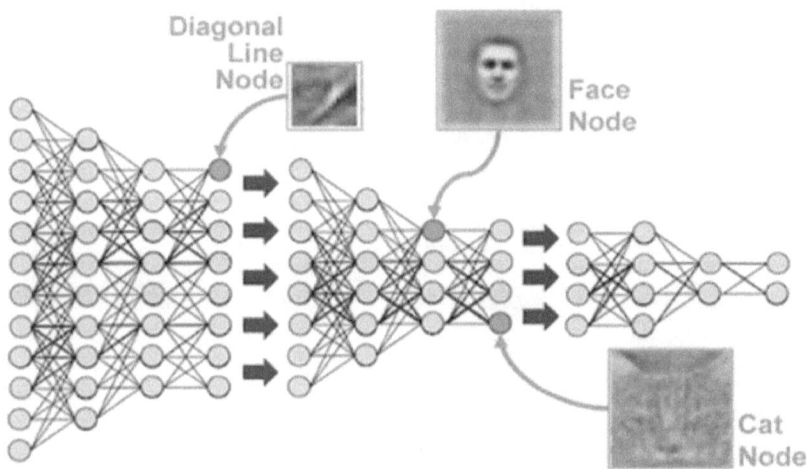

Abbildung 50: Gesichtserkennung unter Verwendung von Deep Learning
Quelle:kdnuggets.com

Dieses „tiefe" Netzwerk gebraucht Kanten (Verbindungen), um unterschiedliche physische Merkmale bei der Gesichtserkennung zu entdecken wie zum Beispiel eine diagonale Linie. Wie beim Gebäudeaufbau kombiniert das Netzwerk die Inputs der Knoten um es als, sagen wir mal, menschliches Gesicht oder als ein Katzengesicht zu klassifizieren und dann diese Erkenntnis weiter zu verarbeiten, um einen spezifisches individuelles Gesicht zu erkennen.

Das bedeutet „Deep Learning". Was nun das Deep Learning „deep", also tiefergehend, macht, ist die Tatsache, dass mindestens 5 bis 10 Knoten-Schichten vorhanden sind, mit fortgeschrittener Objekterkennung, was mindestens 150 Layer bedeutet.

Objekterkennung, was bei selbstfahrenden Fahrzeugen zum Erkennen von Objekten wie Fußgängern und anderen Fahrzeugen eingesetzt wird, ist heute eine populäre Anwendung von Deep Learning. Andere allgemein übliche Applikationen von Deep Learning beinhalten Analysen von zeitlichen Erfolgen bis hin zu der Datenanalyse von Trends, gemessen an besonderen zeitlichen Perioden oder Intervalls, Spracherkennung und Textverarbeitungsaufgaben einschließlich einer Sentimentanalyse, Text-Segmentation und Eigennamenerkennung (NER). Weitere Anwendungsszenarien und allgemein verbundene Deep Learning Techniken sind in Abbildung 51 aufgelistet.

	Rekurrente Netzwerke	Rekursives neuronales Netzwerk	Deep Belief Netzwerk	Konvolutions Netzwerke	MLP
Textverarbeitung	✓	✓		✓	
Bilderkennung			✓	✓	
Objekterkennung		✓		✓	
Spracherkennung	✓				
Zeitreihenanalyse	✓				
Klassifikation			✓	✓	✓

Abbildung 51: Allgemeine Anwendungs-Szenarien und angepasste Techniken des Deep Learning

Wie man der Tabelle entnehmen kann, wurden vielschichtige Perzeptren durch neue Techniken des Deep Learning ersetzt wie etwa Konvolutions Netzwerke, Rekurrente Netzwerke, deep belief Netzwerke sowie rekursive neuronale Tensor Netzwerke (RNTN). Diese fortschrittlicheren Formen eines neuronalen Netzwerks kann man effektiv nutzen bei einer Vielzahl von praktischen und heute modernen Applikationen. Obwohl Konvolutions Netzwerke mit zu den populärsten und stärksten Techniken des Deep Learning gehören, so gibt es immer neue Methoden und Variationen mit kontinuierlichen Verbesserungen.

Entscheidungsbäume

Die Tatsache, dass neuronale Netzwerke für eine Vielzahl von Problemen des maschinellen Lernens angewendet werden können - und zwar mehr als bei jeder anderen Technik - hat einige Fachleute zu der Meinung veranlasst, dass dies der beste Algorithmus für maschinelles Lernen ist. Aber d.h. nicht, dass neuronale Netzwerke die ultimative Lösung für ein statistisches Problem sind. In unterschiedlichen Fällen haben neuronale Netzwerke versagt und Entscheidungsbäume wurden als beliebtes Gegenargument aufgeführt.

Ein offensichtlicher Nachteil für neuronale Netzwerke ist deren Notwendigkeit, über eine massive Menge von Daten und Ressourcen zu verfügen. Nur nach einem Training mit Millionen von Beispielfotos kann Googles Bilderkennungsprogramm zuverlässig bestimmte einfache Objekte (wie z.B. einen Hund) erkennen. Aber wie viele Hundefotos benötigen Sie, um etwa ein 4 Jahre altes Tier zu erkennen, bevor das funktioniert?

Andererseits sorgen Entscheidungsbäume für eine hoch effiziente und leichte Interpretation. Diese zwei Vorteile machen diesen Algorithmus im Bereich des maschinellen Lernens so populär.

Als eine Technik des überwachten Lernens werden Entscheidungsbäume vor allem benutzt, um bei Problemen der Klassifikation von Objekten zu helfen, aber sie können auch eingesetzt werden, um Regressionsprobleme zu lösen.

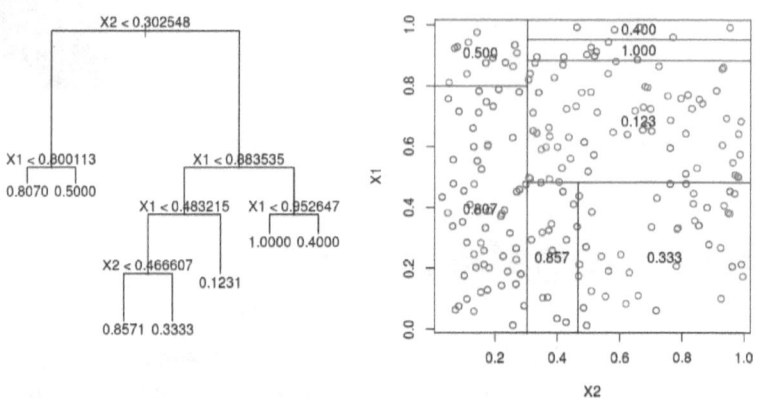

Abbildung 52: Beispiel eines Regression-Baumes. Quelle: http://freakonometrics.hypotheses.org/

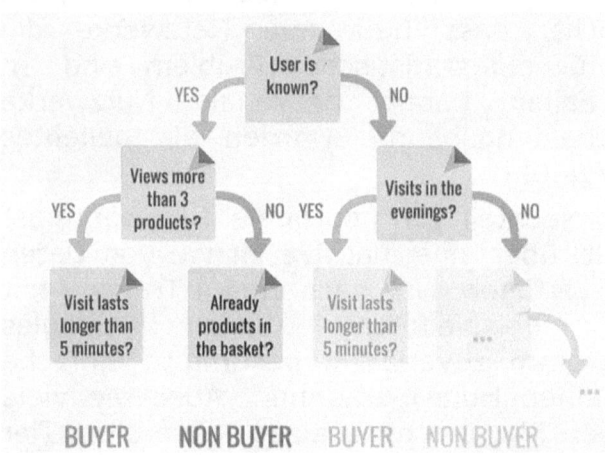

Abbildung 53: Beispiel eines Klassifikations-Baumes. Quelle: http://blog.akanoo.com

Klassifikations-Bäume können quantitative und kategorische Daten verwenden, um kategorisierte Ergebnisse zu modellieren. Das können auch Regressions-Bäume, doch modellieren sie nur die quantitativen Ergebnisse.

Entscheidungsbäume beginnen mit einem Wurzelknoten, der - oben - als Anfangspunkt gilt. Man folgt diesen bis zu einer Verzweigung, einem Ast. Der statistische/mathematische Ausdruck für einen solchen Ast heißt Kante. Diese verlinken sich dann zu Blättern, die auch als Knoten bezeichnet werden und Entscheidungspunkte darstellen. Eine endgültige Kategorisierung ist dann gegeben, wenn ein Blatt nicht weitere neue Äste und Ergebnisse generiert und dann als endgültiger Knoten bezeichnet wird.

Deshalb vermögen Entscheidungsbäume nicht nur Entscheidungen herunterzubrechen und zu erklären, wie eine Klassifikation oder Regression formuliert wird, sie produzieren auch eine hübsche visuelle Flow Chart, die man anderen zeigen kann. Die einfache Interpretation ist ein starker Vorteil dieses Verfahrens und kann auf eine Vielzahl von anderen Fällen angewendet werden. Beispiele aus dem Alltag sind etwa, die Auswahl eines Stipendiaten oder eines Bewerbers für einen Hauskredit zu treffen, eine Voraussage für E-Commerce Verkäufe zu tätigen oder den richtigen Bewerber um einen Job herauszufinden. Will ein Kunde oder ein Bewerber wissen, warum er nicht für ein spezielles Stipendium, einen Kredit, einen Job usw. ausgewählt wurde, kann man ihm den Entscheidungsbaum vorlegen und selbst herausfinden lassen, wie der Entscheidungsprozess für ihn gelaufen ist.

Erstellen eines Entscheidungsbaumes

Entscheidungsbäume werden geschaffen, indem man zuerst die Daten in zwei Gruppen aufteilt. Dieser binäre Aufteilungsprozess wird dann bei jedem Ast (Layer) wiederholt. Das Ziel ist es, eine binäre Fragestellung zu finden, die die Daten am besten bei jedem Ast des Baumes in zwei homogene Gruppen aufteilt, so dass der mittlere Informationsgehalt der Daten, d.h. das Maß an Datenverlust, beim nächsten Ast möglichst minimiert wird.

Dieser „Entropie" genannte mathematische Ausdruck erklärt das Maß an Varianz bei den Daten zwischen verschiedenen Klassen. Einfach ausgedrückt, wünschen wir uns, dass die Daten bei jedem folgenden Layer (Schicht) homogener sind als bei dem davor.

Wir wollen also einen „gierigen" Algorithmus, der das Maß von Entropie bei jedem Layer des Baumes verringern kann. Einer dieser gierigen Algorithmen ist der Iterative Dichotomizer (ID3), erfunden von J.R. Quinlan. Es ist einer der drei Implementationen bei Entscheidungsbäumen, die Quinlan entwickelt hat, deshalb die „ 3".

ID3 ermöglicht die Entropie zu bestimmen, welche binäre Fragestellung bei jedem Layer des Entscheidungsbaumes zu stellen ist. Bei jedem Layer identifiziert ID3 eine Variable (umgewandelt in eine binäre Frage), die bei dem nächsten Layer die kleinste Entropie produziert. Zum besseren Verständnis der Arbeitsweise wollen wir uns einmal das folgende Beispiel ansehen.

Angestellte	KPIs überschritten	Führungsbefähigung	Jünger als 30 Jahre	Beförderung
6	6	2	3	Ja
4	0	2	4	Nein

Variable 1 (KPIs überschritten) ergibt:
- 6 beförderte Angestellte, die ihre KPIs überschritten (Ja)
- 4 Angestellte, die ihre KPIs nicht überschritten und nicht befördert wurden (Nein)

Diese Variable führt zu zwei homogenen Gruppen bei dem nächsten Layer des Entscheidungsbaumes.

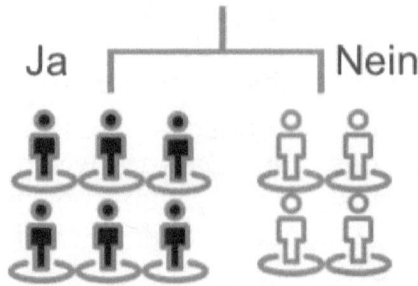

Schwarz: = befördert, weiß = nicht befördert

Variable 2 (Führungsbefähigung) ergibt:
- 2 beförderte Angestellte mit Führungsbefähigung (Ja)
- 4 beförderte Angestellte ohne Führungsbefähigung (Nein)
- 2 Angestellte mit Führungsbefähigung ohne Beförderung (Ja)
- 2 Angestellte ohne Führungsbefähigung und ohne Beförderung (Nein)

Diese Variable führt zu zwei Gruppen von gemischten Datenpunkten.

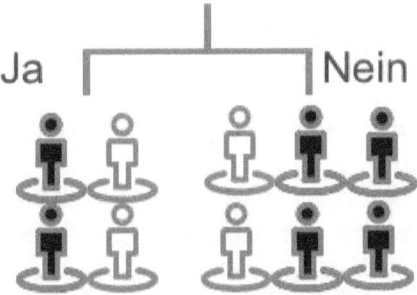

Schwarz = befördert, weiß = nicht befördert

Variable 3 (jünger als 30 Jahre) ergibt:
- 3 beförderte Angestellte unter 30 (Ja)
- 3 beförderte Angestellte über 30 (Nein)
- 4 Angestellte unter 30 ohne Beförderung (Ja)

Diese Variable führt zu einer homogenen Gruppe und einer gemischten Gruppe von Datenpunkten.

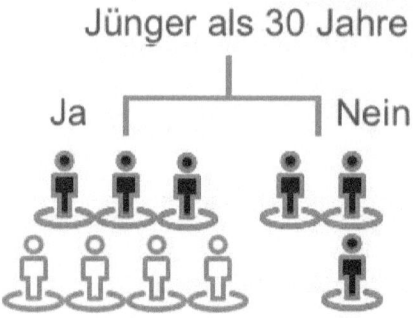

Schwarz = befördert, weiß = nicht befördert

Von diesen drei Variablen produziert Variable 1 (Exceeded KPIs) das beste Ergebnis mit zwei perfekt homogenen Gruppen. Variable 3 weist das zweitbeste Resultat auf, da ein Blatt homogen ist. Variable 2 erzeugt 2 Blätter, die nicht homogen sind. Variable 1 würde deshalb als erste binäre Frage ausgewählt werden, um diesen Datensatz aufzuteilen.

Ob nun die ID3 oder ein anderer Algorithmus verwendet wird, der Prozess der Aufteilung der Daten in binäre Partitionen, bekannt als rekursive Partitionierung, wird wiederholt, bis ein Stopp-Kriterium getroffen wird. Dieses könnte auf einer Reihe von Kriterien basieren wie zum Beispiel:

- wenn alle Blätter weniger als 3-5 Items enthalten
- wenn ein Zweig ein Ergebnis hervorbringt, das alle Items in einem binären Blatt platziert

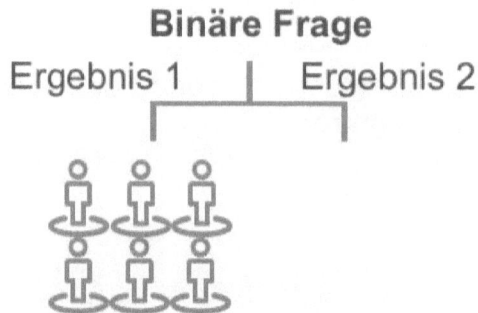

Abbildung 54: Beispiel für ein Haltepunkt-Kriterium

Eine Vorsichtsmaßnahme gilt es zu beachten wenn man Entscheidungsbäume benutzt, nämlich eine Anfälligkeit für das Overfitting. Der Grund dafür liegt dabei bei den Trainingsdaten. Wenn man von den Mustern ausgeht, die in den Trainingsdaten existieren, ist ein Entscheidungsbaum beim Training bei der ersten Datenaufnahme noch exakt. Der gleiche Entscheidungsbaum kann jedoch versagen wenn es darum geht, die Testdaten vorauszusagen. Es könnte Regeln geben, die man immer noch herausfinden muss oder weil die Trainings- oder Testdaten für den ganzen Datensatz nicht repräsentativ waren; mehr noch: Weil Entscheidungsbäume von den wiederholt aufgeteilten Datenpunkten in zwei Partitionen geformt werden, kann eine leichte Veränderung in der Art und Weise, wie die Daten oben oder in der Mitte des Baumes aufgeteilt werden, dramatisch die endgültige Voraussage verändern. Das kann insgesamt einen ganz anderen Baum hervorbringen. Das Problem ist in diesem Fall unser gieriger Algorithmus.

Von dem allerersten Aufteilen der Daten konzentriert der gierige Algorithmus seine Aufmerksamkeit darauf, eine binäre Frage zu finden, die die Daten am besten in zwei homogene Gruppen aufteilt. Wie ein kleiner Junge vor einer Keksdose reagiert der gierige Algorithmus gewissermaßen vergesslich - hinsichtlich seiner kurzfristigen Aktionen - auf die zukünftigen Rückwirkungen. Die binäre Frage, die er braucht, um die Daten anfänglich aufzuteilen, garantiert nicht die akkurateste finale Voraussage.

Zusammengefasst sind Entscheidungsbäume sehr visuell und effektiv um einen einzigen Datensatz zu klassifizieren, aber sie können unflexibel und anfällig für Overfitting sein.

Random Forests

Statt bei jeder Runde nach der effektivsten Aufteilung der rekursiven Partitionierung zu suchen ist eine alternative

Technik, mehrere Bäume zu konstruieren und ihre Voraussagen zu kombinieren, um einen optimalen Pfad der Klassifikation oder Voraussage auszuwählen. Das erfordert eine randomisierte Auswahl von binären Fragen, damit man multiple unterschiedliche Entscheidungsbäume erhält, was als „Random Forests" bezeichnet wird. In der Industrie wird man oft Menschen hören, die diesen Prozess als „bootstrap aggregating" oder „bagging" bezeichnen.

Bootstrap Aggregating

Abbildung 55: „Bagging" ist eine kreative Abkürzung von „Bootstrap Aggregating"

Der Schlüssel zum Verständnis von Random Forests liegt zunächst im Verständnis des *bootstrap sampling*. Es macht wenig Sinn, 5 oder 10 identische Modelle aufzugreifen; es muss ein Element der Variation geben. Deshalb bezieht sich das *bootstrapp sampling* auf den gleichen Datensatz, aber entnimmt jedes Mal eine unterschiedliche Variation aus den Daten.

Deshalb durchlaufen vielfache unterschiedliche Kopien der Trainingsdaten in wachsenden Random Forests zunächst jeden der Bäume. Wegen der Klassifikationsprobleme durchläuft *bagging* zunächst einen Prozess der Bewertung, um die endgültige Klasse zu generieren. Nun werden die Ergebnisse jedes einzelnen Baumes verglichen und bewertet, um einen optimalen Baum zu finden und das endgültige Modell zu produzieren, bekannt als die letzte Klasse. Der Regressionsprobleme wegen stützt man sich dabei auf den Durchschnittwert, um zu der endgültigen Voraussage zu kommen.

Bootstrapping wird auch manchmal als geringfügig überwacht bezeichnet (Sie erinnern sich vielleicht, dass wir überwachtes und unüberwachtes Lernen in Kapitel 3 besprochen haben), weil es Klassifizierer trainiert, die eine randomisierte Untergruppierung von Merkmalen und weniger Variable als die aktuell verfügbaren einsetzen.

Boosting

Die andere Variante vielfacher Entscheidungsbäume ist die populäre Technik des *boosting* (=Verstärken); das ist eine Familie von Algorithmen, die *„schwache Lerner" zu „starken Lernern"* machen. Das dem *boosting* zu Grunde liegende Prinzip ist es, die Iterationen stärker zu gewichten, die in früheren Runden falsch klassifiziert worden sind. Das lässt sich etwa mit einem Sprachlehrer vergleichen, der den schwächsten Studenten in der Klasse nach der Schule Nachhilfestunden anbietet, um die durchschnittlichen Testergebnisse der gesamten Klasse zu verbessern.

Ein beliebter Algorithmus ist der des *gradient boosting*. Anstelle Kombinationen von binären Fragestellung zufällig auszuwählen (wie etwa bei Random Forests), wählt *gradient boosting* binäre Fragen aus, die die Voraussagegenauigkeit für jeden neuen Baum verbessern. Deshalb wachsen Entscheidungsbäume sequenziell, da jeder Baum geschaffen wird, indem Informationen von dem vorhergehenden Entscheidungsbaum genommen werden.

Das funktioniert so, dass Fehler, die bei Trainingsdaten auftreten, aufgezeichnet und dann bei der nächsten Runde von Trainingsdaten angewendet werden. Bei jeder Iteration werden Gewichte den Trainingsdaten hinzugefügt, basierend auf den Ergebnissen des vorherigen Schrittes. Eine höhere Gewichtung wird auf das Ergebnis angewendet, das aufgrund der Trainingsdaten falsch vorausgesagt wurde; den korrekt vorausgesagten Aussagen wird weniger Gewicht beigemessen. Dieser Prozess wird wiederholt, bis es nur einen geringen Level an Fehlern gibt. Das endgültige Ergebnis erhält man von einem gewichteten Durchschnitt aller Voraussagen, die von jedem Modell stammen.

Da dieser Zugang das Overfitting abschwächt, benötigt man dabei weniger Bäume als bei dem *bagging*. Im Allgemeinen gilt, je mehr Bäume man einem Random Forest zufügt, desto größer ist die Fähigkeit, dem Overfitting entgegenzuwirken. Umgekehrt, bei dem *gradient boosting,* können zu viele Bäume Overfitting verursachen, weshalb man vorsichtig sein sollte, wenn man neue Bäume zufügt.

Ein Nachteil beim Einsatz eines Random Forest und des *gradient boosting*: wir kehren damit zur Blackbox Technik zurück und opfern die visuelle Einfachheit und leichte Interpretation, die mit einem einzigen Entscheidungsbaum einhergeht.

Ensemble Modeling

Eine der effektivsten Methoden des maschinellen Lernens ist das sog. *ensemble modeling* oder auch *ensembles*. Sie kombiniert statistische Techniken um ein Modell zu schaffen, dass eine einzige Voraussage produziert. Das geschieht, indem Vermutungen kombiniert und mit dem Wissen der Menge folgt, dass *ensemble modeling* eine endgültige Klassifikation durchführt oder dass sie ein Ergebnis mit einer besseren Voraussage Performance ermöglicht. Natürlich sind *ensemble models* eine beliebte Wahl, wenn es um Wettbewerbe des maschinellen Lernens geht, wie zum Beispiel die Netflix Competitions und Kaggle Competitions.

Ensemble models können in verschiedene Kategorien klassifiziert werden, einschließlich der sequenziellen, parallelen, homogenen und heterogenen. Wir wollen beginnen, indem wir uns zunächst mit den sequenziellen und parallelen Modellen beschäftigen. Für sequenzielle *ensemble models* wird der Voraussage- Fehler dadurch reduziert, dass man Gewichte den Klassifizierern zufügt, die früher die Daten falsch klassifiziert hatten. *Gradient Boosting* und *AdaBoost* sind zwei Beispiele für sequentielle Modelle. Umgekehrt funktionieren parallele *ensemble models* gleichzeitig und reduzieren Fehler, indem sie den Durchschnittswert annehmen. Entscheidungsbäume sind ein Beispiel für diese Technik.

Ensemble models können auch generiert werden, indem eine einzige Technik mit zahllosen Variationen (bekannt als homogenes ensemble) oder durch unterschiedliche Techniken (bekannt als heterogenes ensemble) verwendet wird. Ein Beispiel für ein homogenes *ensemble model* wären zahllose Entscheidungsbäume, die zusammenarbeiten um eine einzige Voraussage (*bagging*) zu treffen. Mittlerweile wäre ein Beispiel für ein heterogenes ensemble der Einsatz des *k*-Means Clustering oder ein neuronales Netzwerk in Zusammenarbeit mit einem Entscheidungsbaum-Modell.

Natürlich ist es wichtig, Techniken auszuwählen, die einander ergänzen. Neuronale Netzwerke zum Beispiel erfordern komplette Datensätze zur Analyse, wohingegen Entscheidungsbäume effektiv mit fehlenden Werten umgehen können. Zusammen sorgen diese beiden Techniken für zusätzliche Werte über ein homogenes Modell. Das neuronale Netzwerk sagt die Mehrheit der Fälle genau voraus, die einen Wert ergeben, und der Entscheidungsbaum garantiert, dass es keine Null-Resultate gibt, die andererseits wegen fehlende Werte in einem neuronalen Netzwerk auftreten würden. Der andere Vorteil des *ensemble modeling* liegt darin, dass angehäufte Vermutungen im Allgemeinen genauer sind als eine einzige Annahme.

Dabei gibt es verschiedene Unterkategorien; wir haben schon zwei von ihnen im vorherigen Kapitel besprochen. Vier bekannte Subkategorien des *ensemble modeling* sind *bagging*, *boosting*, ein Korb-Modell und das *stacking*.

Bagging, ist, wie wir wissen, die Kurzform von „*bootstrap aggregating*" und ist ein Beispiel für ein homogenes *ensemble*. Diese Methode beschäftigt sich mit zufällig gewählten Datensätzen und kombiniert Voraussagen, um ein einheitliches Modell zu finden, das auf einem Voting Prozess der Trainingsdaten beruht. Anders ausgedrückt, *bagging* ist ein spezieller Prozess der Modellfindung, wobei am Ende der Vorhersagen der Durchschnitt bestimmt wird.

Boosting ist eine beliebte alternative Technik, die sich mit Fehlern und Daten beschäftigt, die falsch klassifiziert wurden, und zwar von vorhergehenden Schritten, um ein endgültiges Modell zu bilden. Die beiden beliebtesten Beispiele für *boosting* sind AdaBoost und gradient boosting.

Bucket of models trainiert zahllose unterschiedliche algorithmische Modelle und benutzt die gleichen Daten; sie wählt dann diejenigen aus, die bei den Testdaten am besten abgeschnitten haben.

Stacking setzt bei der Datenverarbeitung auf viele Modelle zur gleichen Zeit und kombiniert diese Ergebnisse, um ein endgültiges Modell zu produzieren. Diese Technik ist im Augenblick bei Wettkämpfen des maschinellen Lernens sehr populär wie etwa bei dem Netflix-Preis (der Wettbewerber hat zwischen 2006 und 2009 stattgefunden; Netflix bot einen Preis für ein Modell des maschinellen Lernens an, das deren Empfehlungssystem verbessern konnte, um effektivere Kinoempfehlungen zu gewinnen. Einer der Siegertechniken adaptierte eine Form von linearem *stacking*, die Voraussagen von mehreren prognostischen Modellen kombinierte.).

Wenn *ensemble models* auch typischerweise akkuratere Voraussagen erlauben, gibt es bei dieser Methode doch einen Nachteil, den Grad an Verfeinerung. Ensembles werden mit dem gleichen Kompromiss zwischen Genauigkeit und Einfachheit konfrontiert wie ein Entscheidungsbaum gegenüber einem Random Forest. Die Transparenz und Einfachheit einer einfachen Technik wie bei einem Entscheidungsbaum oder den *k*-nearest neighbors geht verloren und verändert sich sofort in eine statistische Blackbox. Die Performance des Modells wird in den meisten Fällen gewinnen, aber die Transparenz Ihres Modells ist ein weiterer Faktor, den es zu beachten gilt, wenn man sich für eine bevorzugte Methodologie entscheidet.

Erstellen eines Modells in Python

Nachdem man die statistischen Untermauerungen von zahlreichen Algorithmen untersucht hat, ist es Zeit, dass wir unsere Aufmerksamkeit dem Erstellen eines realen Modells des maschinellen Lernens widmen. Obwohl es verschiedene Optionen bezüglich der Programmiersprachen gibt (wie in Kapitel 4 ausgeführt), werden wir für diese Übung Python wählen, weil sie schnell zu lernen und eine effektive Programmiersprache für jeden ist, der interessiert ist, mit großen Datensätzen zu arbeiten.

Falls Sie überhaupt keine Erfahrung mit Programmieren oder mit Programmierung in Python haben, brauchen Sie sich aber keine Sorgen zu machen. In diesem Abschnitt geht es vor allem darum, die Methodologie und die Schritte zu verstehen, um einmal dahinter zuschauen, wie ein grundlegendes Modell des maschinellen Lernens gebaut wird.

In dieser Übung wollen wir ein Modell finden, um einen Immobilienwert zu ermitteln. Dabei verwenden wir *gradient boosting* mit den folgenden sechs Schritten:

1. Setup der Entwicklungsumgebung
2. Import des Datensatzes
3. Bearbeitung des Datensatzes
4. Aufteilung der Daten in Trainings-und Testdaten
5. Auswahl eines Algorithmus und das Konfigurieren seiner Hyperparameter
6. Evaluation der Ergebnisse

1) Setup der Entwicklungsumgebung

Der 1. Schritt ist, unser Entwicklungsumgebung vorzubereiten. Für diese Übung werden wir im Jupyter Notebook arbeiten; das ist eine Open Source Web Applikation, die das Editieren und Sharing von Notebooks erlaubt.

Hier können Sie das Jupyter Notebook downloaden: http://jupyter.org/install.html

Jupyter Notebook können Sie installieren, indem Sie die „Anaconda Distribution" oder „Python´s package manager, pip" verwenden. Auf der Website von Jupyter Notebook gibt es Instruktionen, die beide Optionen darstellen. Als erfahrener Python-User möchten Sie vielleicht Jupyter Notebook via pip installieren. Für Anfänger empfehle ich die Anaconda Distribution Option, die ein leichtes *click-and-drag* Set-up anbietet.

Diese besondere Installationsoption wird Sie zu der Anaconda Webseite bringen. Von dort können Sie Ihre bevorzugte Installation für Windows, MacOS oder Linux auswählen. Noch einmal, Sie finden Instruktionen auf der Webseite von Anaconda entsprechend des Betriebssystems Ihrer Wahl.

Nachdem Sie Anaconda auf Ihrem Computer installiert haben, haben Sie Zugang zu einer Anzahl von datenwissenschaftlichen Applikationen einschließlich *rstudio*, Jupyter Notebook und *grphviz* für die Datenvisualisierung. Für diese Übung ist es erforderlich, Jupyter Notebook auszuwählen, indem Sie auf „Launch" innerhalb des Jupyter Notebooks Tabs klicken.

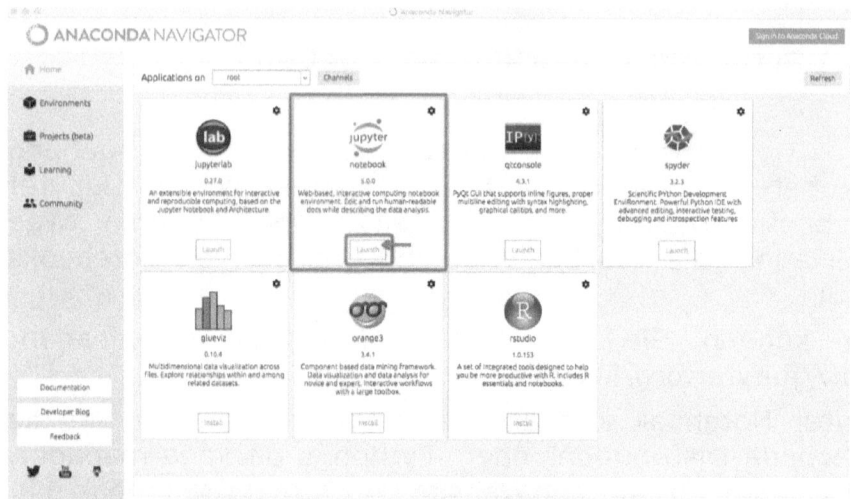

Abbildung 56: Das Anaconda Navigator Portal

Um Jupyter Notebook zu starten geben Sie folgenden Befehl vom Terminal (für Mac/Linux) oder den Befehls Prompt (für Windows) ein:

```
jupyter notebook
```

Terminal/Befehls Prompt wird dann eine URL generieren, die Sie mit *copy and past* in Ihren Webbrowser ablegen können. Beispiel: http://localhost:8888/

Bringen Sie durch *copy and paste* die generierte URL in Ihren Webbrowser um das Jupyter Notebook zu laden. Wenn Sie einmal Jupyter Notebook in Ihrem Browser geöffnet haben, klicken Sie auf „New" in der oberen rechten Ecke der Web Applikation, um ein neues „Notepad" Projekt zu schaffen und wählen Sie dann „Python 3".

Im letzten Schritt importieren sie die notwendigen Bibliotheken, die erforderlich sind, um diese Übung zu vervollständigen. Sie müssen Pandas und eine Anzahl von Bibliotheken des Scikit - Lernens in das Notepad importieren.

Bei maschinellem Lernen wird jedes Projekt unterschiedlich sein in Bezug auf die Bibliotheken, die für den Import erforderlich sind. Für diese spezielle Übung verwenden wir *gradient boosting (ensemble modeling)* und *„mean absolute error"*, um die Performance zu messen.

Sie müssen jede der folgenden Bibliotheken und Funktionen importieren, indem sie die exakten Befehle in Jupyter Notebook eingeben:

```
import pandas as pd
from sklearn.model_selection import train_test_split
from sklearn import ensemble
from sklearn.metrics import mean_absolute_error
```

Machen Sie sich keine Sorgen, wenn Sie nicht jede der importierten Bibliotheken in dem Code oben wiedererkennen. Später werde ich auf diese Bibliotheken zurückkommen.

2) Import des Datensatzes

Im nächsten Schritt wird der Datensatz importiert. Für diese Übung habe ich einen kostenlosen und öffentlich verfügbaren Datensatz von kaggle.com ausgewählt, der die Preise eines Hauses, einer Unit und eines Stadthauses in Melbourne, Australien, enthält. Dieser Datensatz besteht aus Daten, die von öffentlich verfügbaren Auflistungen entnommen sind, die wöchentlich auf der folgenden Seite gepostet werden: www.domain.com.au. Der Datensatz enthält 14.242 Eigentums-Auflistungen und 21 Variable einschließlich der Adresse, Vorort, Grundstücksgröße, Anzahl der Zimmer, Preis, geographische Länge und Breite, Postleitzahl usw.

Bitte denken Sie daran, dass die Angaben zum Hauswert in diesem Datensatz in australischen Dollar genannt sind, $1 AUD ist ungefähr $0,77 USD (Stand 2017).

Downloaden Sie den Melbourne Immobilienmarkt-Datensatz von diesem Link:

https://www.kaggle.com/anthonypino/melbourne-housing-market/data

Nachdem Sie sich kostenlos registriert und in kaggle.com eingeloggt haben, downloaden Sie diesen Datensatz als ein Zip File. Danach „unzippen" Sie den heruntergeladenen File und importieren Sie ihn in Jupyter Notebook. Um den Datensatz zu importieren, können Sie die *read_csv function* nutzen, um die Daten in einen Pandas-Datenframe zu laden.

```
df = pd.read_csv('~/Downloads/Melbourne_housing_FULL.csv')
```

Dieser Befehl wird den Datensatz direkt importieren. Beachten Sie bitte, dass der exakte File abhängig ist von dem Speicherort Ihres Datensatzes. Wenn Sie zum Beispiel den CSV File auf Ihrem Desktop abgelegt haben, dann würden Sie in dem kleinen .csv file die folgende Befehlszeile benutzen:

```
df = pd.read_csv('~/Desktop/Melbourne_housing_FULL.csv')
```

In meinem Fall habe ich den Datensatz von meinem Downloads Folder importiert. Wenn Sie sich mit der Datenwissenschaft und dem maschinellen Lernen weiter beschäftigen, ist es wichtig, dass Sie die Datensätze und Projekte in eigenen und eigens benannten Foldern speichern, damit Sie einen organisierten Zugang finden. Wenn Sie sich dafür entscheiden, den.csv Folder in den gleichen Folder wie Ihr Jupyter Notebook abzulegen, dann brauchen Sie keine Inhaltsverzeichnis-Namen oder „~/" anzuhängen.

Um sich den Datenframe innerhalb des Jupyter Notebooks anzusehen, geben Sie den folgenden Befehl ein, wobei „n" die Anzahl der Zeilen im Verhältnis zu der Kopfzeile angibt, die Sie sich für eine Vorschau ansehen wollen.

```
df.head(n=5)
```

Rechtsklick und dann wählen Sie „Run" oder navigieren Sie vom Jupyter Notebook Menü aus:

Cell > Run All

```
# Preview dataframe
df.head(n=5)
```

Out[31]:

	Suburb	Address	Rooms	Type	Price	Method	SellerG	Date	Distance	Postcode	Bedroom2	Bathroom
0	Abbotsford	68 Studley St	2.0	h	NaN	SS	Jellis	3/09/2016	2.5	3067.0	2.0	1.0
1	Abbotsford	85 Turner St	2.0	h	1480000.0	S	Biggin	3/12/2016	2.5	3067.0	2.0	1.0
2	Abbotsford	25 Bloomburg St	2.0	h	1035000.0	S	Biggin	4/02/2016	2.5	3067.0	2.0	1.0
3	Abbotsford	18/659 Victoria St	3.0	u	NaN	VB	Rounds	4/02/2016	2.5	3067.0	3.0	2.0
4	Abbotsford	5 Charles St	3.0	h	1465000.0	SP	Biggin	4/03/2017	2.5	3067.0	3.0	2.0

Abbildung 57: Vorschau eines Datenframes im Jupyter Notebook

Das wird den Datensatz innerhalb des Jupyter Notebooks bestücken, wie in Abbildung 57 gezeigt. Dieser Schritt ist nicht verpflichtend, aber es ist eine nützliche Technik, um Ihren Datensatz innerhalb des Jupyter Notebooks zu betrachten.

3) Bearbeitung des Datensatzes

Im nächsten Schritt heißt es, den Datensatz zu bearbeiten. Erinnern Sie sich, dass man darunter versteht, den Datensatz zu verfeinern. Das beinhaltet das Modifizieren oder Entfernen von unkompletten, irrelevanten oder doppelt auftretenden Daten. Es kann auch bedeuten, textbasierte Daten zu numerischen Werten zu verändern und auch die Merkmale neu zu gestalten.

Es ist wichtig festzustellen, dass dieser Verarbeitungsprozess stattfinden kann, bevor oder nachdem Sie den Datensatz in das Jupyter Notebook importiert haben. Beispielsweise hat der Gestalter des Melbourne Immobilienmarkt Datensatzes die Ausdrücke (geographische) „Länge" und „Breite" in den Spalten-

Überschriften falsch geschrieben. Da wir diese beiden Variablen in unserem Übungsbeispiel nicht überprüfen, muss man diese auch nicht ändern. Wenn wir jedoch diese beiden Variablen in unser Modell einbinden wollen, wäre es klug, zunächst die Fehler zu korrigieren.

Aus der Programmierperspektive bedeuten Rechtschreibfehler in den Überschriften der Spalten keine Probleme, solange wir die gleichen (falsch geschriebenen) Keywords benutzen, um unsere Befehle einzugeben. Diese fehlerhaften Überschriften in den Spalten jedoch könnten zu Fehlern führen, insbesondere wenn Sie Ihren Code mit Teammitgliedern teilen. Um mögliche Probleme zu vermeiden, empfiehlt es sich, Rechtschreibfehler zu berichtigen, aber auch andere einfache Fehler in dem *source file*, bevor man den Datensatz in das Jupyter Notebook importiert oder auch eine andere Entwicklungsumgebung. Man kann das machen, indem man den CSV File in Microsoft Excel (oder einem ähnlichen Programm) öffnet, den Datensatz editiert und dann erneut als einen CSV File speichert.

Einfache Fehler können innerhalb des *source file* korrigiert werden, größere strukturelle Veränderungen im Datensatz wie zum Beispiel das *feature engeneering* lassen sich am besten in der Entwicklungsumgebung ausführen, um mehr Flexibilität zu haben und den Datensatz für eine spätere Anwendung zu speichern. Wir werden in diesem Übungsbeispiel *feature engineering* implementieren, um eine Anzahl von Spalten aus dem Datensatz zu entfernen, aber vielleicht haben wir später unsere Meinung darüber geändert, welche Spalten wir gerne dabei hätten. Die Zusammenstellung des Datensatzes in der Entwicklungsumgebung zu verändern ist weniger dauerhaft und generell viel einfacher und schneller als es direkt in dem *source file* vorzunehmen.

Bearbeitungsprozess

Wir wollen zunächst einmal die Spalten aus dem Datensatz entfernen, die wir nicht haben wollen, indem wir die # Funktion verwenden und die Vektoren (Spalten)-Überschriften eingeben, die wir entfernen wollen.

#Die Rechtschreibfehler bei „Länge" und „Breite" sind noch vorhanden, da diese beiden Schreibfehler im *source file* nicht korrigiert worden sind.

```
del df['Address']
del df['Method']
del df['SellerG']
del df['Date']
del df['Postcode']
del df['Lattitude']
del df['Longtitude']
del df['Regionname']
del df['Propertycount']
```

Die Spalten Adresse, „Regionname" und „Propertycount" wurden entfernt, da die Örtlichkeit der Immobilie in anderen Spalten genannt wird (Suburb und CouncilArea) und wir nicht-numerische Informationen wie etwa Adresse und Name der Region minimieren wollen. Postleitzahl, Breite und Länge wurden ebenso entfernt, da wie gesagt, sich diese Informationen in den Spalten „Suburb" und „CouncilArea" wiederfinden. Meine Vermutung ist, dass diese beiden Bezeichnungen präsenter im Kopf eines möglichen Käufers sind als Postleitzahl, Breite und Länge - obwohl die Adresse natürlich wichtig ist.

„Methode", „ SellerG" und das Datum wurden ebenso entfernt, da sie vermutlich im Vergleich zu anderen Variablen weniger wichtig sind. D.h. nicht, dass diese Variablen keinen Einfluss auf die Preise der Immobilie haben, jedoch geben die anderen 11 unabhängigen

Variablen genügend Material her, um ein Basismodell aufzubauen. Wir können später entscheiden, ob wir eine beliebige dieser Variablen in das Modell übernehmen, und Sie können natürlich entscheiden, diese in Ihr eigenes Modell aufzunehmen.

Die verbliebenen 11 unabhängigen Variablen (dargestellt als X) im Datensatz sind „Suburb, Rooms, Type, Distance, Bedroom2, Bathroom, Car, Landsize, BuildingArea, YearBuilt" und „CouncilArea". Die 12. Variable, die man in der 5. Spalte des heruntergeladenen Datensatzes findet, ist die abhängige Variable, nämlich der Preis (dargestellt als Y). Wie gesagt, Entscheidungsbäume (einschließlich *gradient boosting* und Random Forests) sind geeignet, große und hochdimensionale Datensätze mit einer großen Zahl an Variablen zu managen.

Der nächste Schritt bei der Bearbeitung eines Datensatzes ist es, fehlende Werte zu entfernen. Auch wenn es viele Methoden gibt, um mit diesem Problem umzugehen (zum Beispiel den mittleren Wert finden, den Durchschnitt oder insgesamt fehlende Werte zu entfernen), so wollen wir diese Übung so einfach wie möglich halten und werden deshalb Spalten mit fehlenden Werten nicht überprüfen. Der offensichtliche Nachteil ist, dass wir weniger Daten zur Analyse haben. Als Anfänger jedoch ist es sinnvoll, mit vollständigen Datensätzen umzugehen, bevor man eine zusätzliche Schwierigkeit auf sich nimmt und versucht mit fehlenden Werten zu arbeiten. Leider haben wir gerade bei unserem Beispieldatensatz in der Tat viele fehlende Werte! Nichtsdestoweniger haben wir immer noch genügend Beispielspalten, um mit unserem Modell weiter zu machen.

Die folgende Pandas-Funktion kann benutzt werden, um Zeilen mit fehlenden Werten zu entfernen:

```
df.dropna(axis = 0, how = 'any', thresh = None, subset = None, inplace = True)
```

Denken Sie daran, dass es wichtig ist, Zeilen mit fehlenden Werten wegzulassen, nachdem Sie die „del df"- Funktion angewendet haben (wie im vorherigen Schritt gezeigt). Auf diese Weise haben Sie eine größere Chance, dass mehr Zeilen des originalen Datensatzes gespeichert werden. Stellen Sie sich vor, Sie lassen eine ganze Zeile weg, nur weil der Wert einer Variablen fehlt, die Sie später löschen wollten wie z.B. die Postleitzahl in unserem Modell!

Lassen Sie uns jetzt die Spalten, die nicht-numerische Daten enthalten, zu numerischen Werten verändern, und zwar mit der *one-hot encoding* Methode. Bei Pandas kann diese Methode eingesetzt werden, indem man die sogenannte „pd.get_ dummies" Funktion einsetzt:

```
features_df = pd.get_dummies(df, columns = ['Suburb',
'CouncilArea', 'Type'])
```

Dieser Befehl verändert die Spalten für Suburb, CouncilArea und Type mithilfe der *one-hot encoding* Methode in numerische Werte.

Als nächstes wollen wir die Spalte „Preis" entfernen, da sie ja als unsere abhängige Variable (Y) dient und wir an dieser Stelle nur die 11 unabhängigen Variablen (X) überprüfen wollen.

```
del features_df['Price']
```

Zuletzt erzeugen wir die Datenfelder X und y, indem wir den Matrix Datentyp verwenden (.values). X enthält die unabhängigen Variablen und der y-Bereich enthält die abhängige Variable des Preises.

```
X = features_df.values
y = df['Price'].values
```

4) Aufteilung des Datensatzes

Wir sind jetzt soweit, dass wir die Daten in Trainings- und Testsegmente aufteilen können. Für diese Übung wählen wir eine übliche 70/30 Aufteilung, indem wir die Scikit - Lernfunktion unten mit einem Argument von „0,3" aufrufen. Die Zeilen des Datensatzes werden auch randomisiert um zu vermeiden, dass die Bias die *shuffle* Funktion verwendet.

```
X_train, X_test, y_train, y_test = train_test_split(X, y,
test_size = 0.3, shuffle = True)
```

5) Auswahl des Algorithmus und Konfiguration seiner Hyperparameter

Wie Sie sicher erinnern, nutzen wir für diese Übung wie unten gezeigt den *gradient boosting* Algorithmus.

```
model = ensemble.GradientBoostingRegressor(
    n_estimators = 150,
    learning_rate = 0.1,
    max_depth = 30,
    min_samples_split = 4,
    min_samples_leaf = 6,
    max_features = 0.6,
    loss = 'huber'
)
```

Die 1. Zeile ist der Algorithmus selbst (*gradient boosting*) und umfasst nur eine Code-Zeile. Die Zeilen darunter diktieren die Hyperparameter für diesen Algorithmus.

n_estimators gibt an, wie viele Entscheidungsbäume zu bauen sind. Erinnern Sie sich, dass eine große Anzahl von Bäumen ganz allgemein die Genauigkeit verbessern wird (bis zu einem gewissen Punkt), aber auch die Verarbeitungsdauer des Modells erhöhen. Hier habe ich 150 Entscheidungsbäume als Startpunkt gewählt.

learning_rate kontrolliert das Maß, wie bei einem zusätzlichen Entscheidungsbaum die Gesamtvoraussage beeinflusst wird. Das verkleinert effektiv den Beitrag jedes Baumes durch die vorgegebene *learning_rate*. Wenn Sie einen niedrigen Wert angeben, z.B. 0,1, sollte das die Genauigkeit erhöhen.

max_depth definiert die Höchstzahl von Layern (depth) jedes Entscheidungsbaumes. Wählt man „None (Keine)", dann expandieren die Knoten, bis alle Blätter rein sind oder bis alle Blätter weniger als das „min_samples_leaf enthalten. Das hilft, die Bedeutung von Ausnahmen und Anomalien in Form von einer niedrigen Zahl an gefundenen Beispielen in einem Blatt als ein Ergebnis der binären Aufteilung zu verringern. Ein Beispiel: min_samples_leaf = 4 erfordert mindestens vier verfügbare Beispiele innerhalb jedes Blattes, damit ein neuer Ast entstehen kann.

max_features ist die Gesamtzahl von Features des Modells, wenn man die beste Aufteilung zu Grunde legt. Wie in Kapitel 11 erwähnt, begrenzen Random Forests und *gradient boosting* die Gesamtzahl der Features Ihres individuellen Baumes um vielfache Ergebnisse zu erzielen, die man später bewerten kann. Wenn der *max_features* Wert eine ganze Zahl ist, dann wird das Modell *max_features* bei jeder Aufteilung (Ast) berücksichtigen; wenn der Wert jedoch ein *float* (z.B. 0,6) ist, dann ist *max_features* der Prozentsatz aller zufällig ausgewählten Features. Obwohl *max_features* eine Höchstzahl von Merkmalen vorgibt, auf die man achten muss, wenn man die beste Aufteilung vornimmt, so kann die Gesamtzahl der Merkmale das *max_features* Limit übersteigen, wenn man zu Beginn keine Aufteilung vornehmen kann.

loss berechnet die Fehlerrate des Modells. Für diese Übung verwenden wir *huber*, was gegen Ausnahmen und Anomalien schützt. Alternative Optionen für Fehlerrate sind *ls* (least square regression), *lad* (least absolute deviations) und *quantile* (Quantile Regression). *Huber* ist tatsächlich eine Kombination von *ls* und *lad*. Wenn Sie mehr über die Hyperparameter des *gradient boosting* lernen wollen, schauen Sie sich die Scikit-Lern Webseite an:

http://scikit-learn.org/stable/modules/generated/sklearn.ensemble.GradientBoostingRegressor.html

Nachdem Sie die Hyperparameter des Modells eingegeben haben, werden wir die *Scikit-learns fit function* eingeben, um den Trainingsprozess des Modells zu beginnen.

```
model.fit(X_train, y_train)
```

Am Ende müssen wir Scikit-Lernen einsetzen, um das Trainingsmodell als einen File mit der

6) Auswertung der Ergebnisse

Wie schon an anderer Stelle angemerkt, werden wir für diese Übung den mittleren absoluten Fehler verwenden, um die Genauigkeit des Modells auszuwerten.

```
mse = mean_absolute_error(y_train, model.predict(X_train))
print ("Mittlerer absoluter Fehler bei Trainingsdaten ermitteln: %.2f" % mse)
```

Hier geben wir unsere y-Werte ein, die die korrekten Ergebnisse des Trainingsdatensatzes wiedergeben. Die *model.predict function* wird dann für den Trainings Datensatz aufgerufen (X) und wird eine Voraussage bis auf 2 Dezimalstellen genau generieren. Die mittlere absolute Fehlerfunktion wird dann den Unterschied zwischen den erwarteten Voraussagen des Modells und den aktuellen Werten vergleichen. Der gleiche Prozess wird dann mit den Testdaten vollzogen.

```
mse = mean_absolute_error(y_test, model.predict(X_test))
print ("Mittlerer absoluter Fehler bei Testdaten ermitteln:
%.2f" % mse)
```

Wir wollen einmal das komplette Modell laufen lassen, indem wir einen Rechtsklick machen und „Run" wählen oder, navigierend vom Jupyter Notebook Menü aus,: Cell > Run All.

Warten Sie ein paar Sekunden, damit der Computer das Trainingsmodell aufruft. Das Ergebnis, wie unten gezeigt, wird dann am Ende des Notepad erscheinen.

```
Mittlerer absoluter Fehler bei Trainingsdaten ermitteln:
27157.02
Mittlerer absoluter Fehler bei Testdaten ermitteln: 169962.99
```

Bei dieser Übung wird der mittlere absolute Fehler unseres Trainings- datensatzes mit $27.157,02 festgesetzt und der mittlere absolute Fehler beim Testdatensatz ist $169.962,99. Das bedeutet, dass durchschnittlich der Trainingsdatensatz den tatsächlichen Eigentumswert nur um $27.157,02 verfehlt hat. Jedoch hat der Testdatensatz durchschnittlich $169.962,99 falsch berechnet.

Das bedeutet, dass unser Trainingsmodell bei der Voraussage des aktuellen Wertes einer Immobilie auf Grundlage der Trainingsdaten sehr genau war. Obwohl $27.157,02 sehr viel Geld zu sein scheint, ist die durchschnittliche Fehlerrate niedrig, wenn man an die maximale Bandbreite unseres Datensatzes von bis zu

$8 Millionen denkt. Da viele Immobilien im Datensatz mehr als 7-stellig sind ($1.000.000+), ist $27.157,02 eine vernünftig niedrige Fehlerrate.

Aber wie hält es das Modell mit den Testdaten? Diese Ergebnisse sind weniger genau. Die Testdaten sorgten mit einer durchschnittlichen Fehlerrate von $169.962,99 für weniger eindeutige Voraussagen. Eine hohe Diskrepanz zwischen den Trainings-und Testdaten ist normalerweise ein guter Hinweis auf das Overfitting. Der unser Modell für die Trainingsdaten zugeschnitten ist, geriet es ins Stolpern, als es die Testdaten vorausgesagt hat, was vermutlich neue Muster enthält, für die das Modell nicht eingerichtet ist. Natürlich enthalten die Testdaten vermutlich leicht unterschiedliche Muster und neue mögliche Ausnahmen und Anomalien.

In diesem Fall jedoch ist der Unterschied zwischen den Trainings-und Testdaten durch die Tatsache erschwert, dass wir das Modell erstellt haben, um die Trainingsdaten „überangepasst" zu haben. Ein Beispiel dafür war das Festlegen der *max_depth* auf „30". Obgleich das Setzen einer hohen *max_depth* die Chancen des Modells verbessert, Muster in den Trainingsdaten zu finden, so hat es schon eine Tendenz zum Overfitting. Ein weiterer möglicher Grund könnte in der unzureichenden Aufteilung der Trainings-und Testdaten liegen, wobei für dieses Modell die Daten durch Scikit-Lernen randomisiert wurden.

Und beachten Sie bitte auch, dass Ihre eigenen Ergebnisse leicht verschieden sein können, wenn Sie dieses Modell auf Ihrem eigenen Computer prüfen. Bei den Trainings- und Testdaten handelt es sich ja um randomisierte Daten.

Modelloptimierung

In dem vorhergehenden Kapitel haben wir unser erstes überwachtes Lernmodell gebaut. Wir wollen nunmehr seine Genauigkeit verbessern und die Effekte des Overfittings reduzieren. Ein guter Anfang dabei ist es, die Hyperparameter des Modells zu modifizieren; wir wollen dabei mit dem Modifizieren der *max_depth* von „30" auf „5" beginnen, ohne andere Hyperparameter zu verändern. Das Modell generiert nun die folgenden Ergebnisse:

```
#Ergebnisse werden unterschiedlich sein aufgrund der
randomisierten Datenaufteilung
Mittlerer absoluter Fehler bei Trainingsdaten ermitteln:
129412.51
```

Auch wenn der mittlere absolute Fehler des Trainingsdatensatzes höher ist, hilft es das Problem des Overfittings zu reduzieren und sollte auch die Ergebnisse der Testdaten verbessern. Ein weiterer Schritt zur Optimierung des Modells ist es, mehr Bäume hinzuzufügen. Wenn wir *n_estimators* auf 250 setzen, sehen wir folgendes Ergebnis:

```
#Ergebnisse werden unterschiedlich sein aufgrund der
randomisierten Datenaufteilung
Mittlerer absoluter Fehler bei Trainingsdaten ermitteln:
118130.46
Mittlerer absoluter Fehler bei Testdaten ermitteln: 159886.32
```

Diese zweite Optimierung reduziert die absolute Fehlerrate der Trainingsdaten um ungefähr $11.000; jetzt haben wir eine kleine Lücke zwischen unseren Trainings-und Testergebnissen bezüglich des mittleren absoluten Fehlers.

Zusammen unterstreichen diese beiden Optimierungen die Bedeutung des Maximierens und des Verstehens der Bedeutung eines individuellen Hyperparameters. Wenn Sie beschließen dieses Modell eines überwachten maschinellen Lernens zu Hause auszuprobieren, dann empfehle ich Ihnen, dass sie jeden einzelnen Hyperparameter individuell modifizieren und die Auswirkung auf den mittleren absoluten Fehler analysieren. Außerdem werden Sie bemerken, dass die Arbeitszeit des Computers sich verändert, basierend auf den ausgewählten Hyperparametern. Wenn Sie zum Beispiel *max_depth* auf „5" setzen, reduziert das die gesamte Arbeitszeit verglichen mit einer Festlegung auf „30", weil die Höchstzahl der Layer signifikant geringer ist. Die Verarbeitungsgeschwindigkeit und die Ressourcen werden eine wichtige Rolle spielen, wenn Sie sich mit größeren Datenmengen beschäftigen.

Eine weitere wichtige Optimierungstechnik ist die Auswahl der Merkmale. Wie Sie sich erinnern, haben wir 9 Features entfernt, als wir unseren Datensatz überarbeitet haben. Jetzt ist es vielleicht eine gute Zeit, sich an diese Features zu erinnern und zu analysieren, ob sie einen Effekt auf die Gesamtgenauigkeit des Modells haben. „SellerG" könnte man als interessantes Feature hinzufügen, da die Immobilienfirma, die die Immobilie verkauft, eine Bedeutung für den letztendlichen Verkaufspreis haben kann.

Wenn man dagegen alternativ bei dem gegenwärtigen Modell Merkmale weglässt, kann das die

Verarbeitungszeit reduzieren, ohne eine signifikante Auswirkung auf die Genauigkeit zu haben - oder vermag sogar die Genauigkeit zu verbessern. Um Merkmale effektiv auszuwählen ist es am besten, Merkmal-Modifikationen zu isolieren und die Ergebnisse dann zu analysieren. Das scheint besser zu sein als verschiedene Wechsel gleichzeitig durchzuführen.

Während das manuelle Versuch- und Irrtumverfahren eine effektive Technik sein kann um die Bedeutung der variablen Auswahl und der Hyperparameter zu verstehen, gibt es auch automatisierte Techniken zur Modelloptimierung, wie zum Beispiel ein *grid search*, im Prinzip eine „erschöpfende" Suche. Diese erlaubt Ihnen, eine Liste von Konfigurationen aufzulisten, die Sie bei jedem Hyperparameter testen wollen; anschließend testen Sie methodisch jeden einzelnen Hyperparameter. Ein automatisierter Bewertungsprozess findet statt, um das optimale Modell herauszufinden. Da das Modell jede mögliche Kombination der Hyperparameter testet, braucht diese *grid search* sehr viel Zeit! Ein Beispiel für eine solche Suche wird am Ende dieses Kapitels gezeigt.

Wenn Sie letztlich einen unterschiedlichen überwachten Algorithmus des maschinellen Lernens einsetzen wollen und nicht das *gradient boosting*, können Sie dennoch viel von dem Code aus dieser Übung verwenden. So kann beispielsweise der gleiche Code verwendet werden, um einen neuen Datensatz zu importieren, sich den Datenframe vorher anzuschauen, Merkmale (Spalten) entfernen, Zeilen entfernen, Aufteilen, den Datensatz mischen und auch den mittleren absoluten Fehler evaluieren.

Code für das optimierte Modell

```python
#Import von Bibliotheken
import pandas as pd
from sklearn.model_selection import train_test_split
from sklearn import ensemble
from sklearn.metrics import mean_absolute_error

#Einlesen von Daten vom CSV
df = pd.read_csv('~/Downloads/Melbourne_housing_FULL.csv')

#Entfernen nicht benötigter Spalten
del df['Address']
del df['Method']
del df['SellerG']
del df['Date']
del df['Postcode']
del df['Lattitude']
del df['Longtitude']
del df['Regionname']
del df['Propertycount']

#Entfernen von Zeilen mit fehlenden Werten
df.dropna(axis = 0, how = 'any', thresh = None, subset = None, inplace = True)

#Umwandeln nicht-numerischer Daten durch das one-hot encoding
features_df = pd.get_dummies(df, columns = ['Suburb', 'CouncilArea', 'Type'])

#Entfernen des Preises
del features_df['Price']

#X und y Bereiche aus dem Datensatz bilden
X = features_df.values
y = df['Price'].values

#Aufteilen der Datensätze in Trainings- und Testdaten und das Mischen
X_train, X_test, y_train, y_test = train_test_split(X, y, test_size = 0.3, shuffle = True)

#Setup des Algorithmus
model = ensemble.GradientBoostingRegressor(
    n_estimators = 250,
```

```
    learning_rate = 0.1,
    max_depth = 5,
    min_samples_split = 4,
    min_samples_leaf = 6,
    max_features = 0.6,
    loss = 'huber'
)

#Modell mit Trainingsdaten laufen lassen
model.fit(X_train, y_train)

#Die Modellgenauigkeit prüfen (bis auf zwei Dezimalstellen genau)
mse = mean_absolute_error(y_train, model.predict(X_train))
print ("Mittlerer absoluter Fehler bei Trainingsdaten ermitteln: %.2f" % mse)

mse = mean_absolute_error(y_test, model.predict(X_test))
print ("Mittlerer absoluter Fehler bei Testdaten ermitteln: %.2f" % mse)
```

Code für die grid search

```python
#Import von Bibliotheken
import pandas as pd
from sklearn.model_selection import train_test_split
from sklearn import ensemble
from sklearn.metrics import mean_absolute_error
from sklearn.model_selection import GridSearchCV

#Einlesen von Daten vom CSV
df = pd.read_csv('~/Downloads/Melbourne_housing_FULL.csv')

#Entfernen nicht benötigter Spalten
del df['Address']
del df['Method']
del df['SellerG']
del df['Date']
del df['Postcode']
del df['Lattitude']
del df['Longtitude']
del df['Regionname']
del df['Propertycount']

#Entfernen von Zeilen mit fehlenden Werten
df.dropna(axis = 0, how = 'any', thresh = None, subset = None, inplace = True)

#Umwandeln nicht-numerischer Daten durch das one-hot encoding
features_df = pd.get_dummies(df, columns = ['Suburb', 'CouncilArea', 'Type'])

#Entfernen des Preises
del features_df['Price']

#X und y Bereiche aus dem Datensatz bilden
X = features_df.values
y = df['Price'].values

#Aufteilen der Datensätze in Trainings- und Testdaten und das Mischen
X_train, X_test, y_train, y_test = train_test_split(X, y, test_size = 0.3, shuffle = True)

#Algorithmus hinzufügen
model = ensemble.GradientBoostingRegressor()

#Die Konfiguration vorbereiten, die getestet werden soll
```

```python
param_grid = {
    'n_estimators': [300, 600],
    'max_depth': [7, 9],
    'min_samples_split': [3, 4],
    'min_samples_leaf': [5, 6],
    'learning_rate': [0.01, 0.02],
    'max_features': [0.8, 0.9],
    'loss': ['ls', 'lad', 'huber']
}

#Grid search definieren und wenn möglich, mit vier CPs parallel laufen lassen
gs_cv = GridSearchCV(model, param_grid, n_jobs = 4)

#Grid search mit Trainingsdaten laufen lassen
gs_cv.fit(X_train, y_train)

#Optimale Hyperparameter ausdrucken
print (gs_cv.best_params_)

#Die Modellgenauigkeit prüfen (bis auf zwei Dezimalstellen genau)
mse = mean_absolute_error(y_train, gs_cv.predict(X_train))
print ("Mittlerer absoluter Fehler bei Trainingsdaten ermitteln: %.2f" % mse)

mse = mean_absolute_error(y_test, gs_cv.predict(X_test))
print ("Mittlerer absoluter Fehler bei Testdaten ermitteln: %.2f" % mse)
```

Nachwort

Danke für den Kauf dieses Buches. Sie verfügen jetzt über ein grundlegendes Verständnis der Schlüsselkonzepte des maschinellen Lernens und sind bereit, dieses anspruchsvolle Thema ernsthaft anzugehen. Das bedeutet das Erlernen der grundlegenden Programmierungskomponente des maschinellen Lernens.

Wenn Sie das Studium des maschinellen Lernens fortsetzen wollen, empfehle ich, sich bei dem kostenlosen „Andrew Ng Machine Learning course" einzuschreiben, der auf Coursera angeboten wird.

Wenn Sie ein direktes Feedback geben wollen, sowohl positiv wie auch negativ, oder falls Sie Vorschläge zur Verbesserung dieses Buches haben, würde ich mich über eine E-Mail sehr freuen: oliver.theobald@scatterplotpress.com

Wir bieten Lesern eine finanzielle Belohnung an, wenn sie Fehler in diesem Buch entdecken. Einige offensichtliche Irrtümer könnten Fehler in der Interpretation eines Diagramms sein oder im Zusammenhang mit dem Code in diesem Buch stehen; deshalb laden wir alle Leser ein, zunächst den Autor wegen einer Klarstellung oder einer möglichen Belohnung zu kontaktieren, bevor sie u.U. eine Bewertung mit nur einem Stern abgeben! Schicken Sie einfach eine E-Mail an oliver.theobald@scatterplotpress.com und erklären Sie den Fehler oder Irrtum, der Ihnen aufgefallen ist.

Zum Schluss möchte ich meine Dankbarkeit Jeremy Pedersen und Rui Xiong für ihre Unterstützung ausdrücken, indem sie mir mit praktische Tipps zum maschinellen Lernen und den Sektionen des Codes in diesem Buch gegeben haben und Andreas von Pronay für seine exzellente Übersetzung und das Korrekturlesen.

[1] "Will A Robot Take My Job?", *The BBC*, accessed December 30, 2016, http://www.bbc.com/news/technology-34066941/.
[2] Matt Kendall, "Machine Learning Adoption Thwarted by Lack of Skills and Understanding," *Nearshore Americas*, accessed May 14, 2017, http://www.nearshoreamericas.com/machine-learning-adoption-understanding/.
[3] Arthur Samuel, "Some Studies in Machine Learning Using the Game of Checkers*," IBM Journal of Research and Development*, Vol. 3, Issue. 3, 1959.
[4] Arthur Samuel, "Some Studies in Machine Learning Using the Game of Checkers*," IBM Journal of Research and Development*, Vol. 3, Issue. 3, 1959.
[5] Kevin Kelly, "The Inevitable: Understanding the 12 Technological Forces That Will Shape Our Future," *Penguin Books*, 2016
[6] "What is Torch?" *Torch*, accessed April 20, 2017, http://torch.ch/.